赤の発見 青の発見

西澤潤一＋中村修二

白日社

赤の発見　青の発見

目次

第一章　赤の発見

西澤潤一

目次

第二章　青の発見

中村修二

第三章　赤の発見、青の発見　西澤潤一×中村修二

第五章　創造的であるために

西澤潤一×中村修二

第六章　夢は地球を駆けめぐる

西澤潤一×中村修二

装幀・松田行正

プロローグ

「ヘテロ接合」にノーベル物理学賞

二〇世紀最後のノーベル化学賞を白川英樹先生が受賞され、日本人にとって本当にうれしいニュースとなった。白川先生の導電性プラスチックの研究は、実は二〇年前にすでにかなり有名で、新聞や雑誌に「ノーベル賞候補」と取り上げられたこともあった。どんな賞でも出すほうの事情が優先するから、「なぜいまになって?」という理由については想像するしかないが、ともあれ、ようやくやってきた待望のノーベル化学賞であった。

白川先生の受賞の陰に隠れた感があるが、ノーベル物理学賞の受賞者三人のほうも、なかなかユニークな顔ぶれだった。ノーベル物理学賞というと、深遠で難解な自然界の謎を解き明かした人に与えられるケースが多いが、今回は、非常に実用的な製品につながった基礎技術に対して与えられたからである。これはけっこうめずらしい。

三人は「現代の情報技術（ＩＴ）の基礎を築いた科学者あるいは発明家」で、それぞれ、高速トランジスタ、半導体レーザー、集積回路の登場に貢献した。もう少し詳しく言うと、ロシアのヨッフェ物理工学研究所のアルフェロフ博士とカリフォルニア大学サンタバーバラ校のクレーマー博士の受賞理由は、「高速エレクトロニクスや光エレクトロニクスで使われる半導体ヘテロ構造の開発」であり、三人目のテキサスインスツルメンツ社のキルビー博士の受賞理由は「集積回路の考案」である。

とくに注目していただきたいのは前の二人で、マスコミは取り上げないが、実はこのテーマも日本が深く深く関係しているのである。

では、受賞理由の光エレクトロニクスとヘテロ構造とはどんなものか。現在のＩＴ社会において、通信の主要な部分を担っているのが光ファイバーであり、そこに信号を伝えるのが半導体レーザーである。半導体レーザーからの光は、いまや何もしないで透明な光ファイバーの中を約一万キロも伝わっていく。これは日本からアメリカ大陸まで届く距離。もちろん衛星通信なども重要な役割を担っているが、光通信によって文字通り世界がそのままつながることがよくわかるであろう。このような光が主役となっている

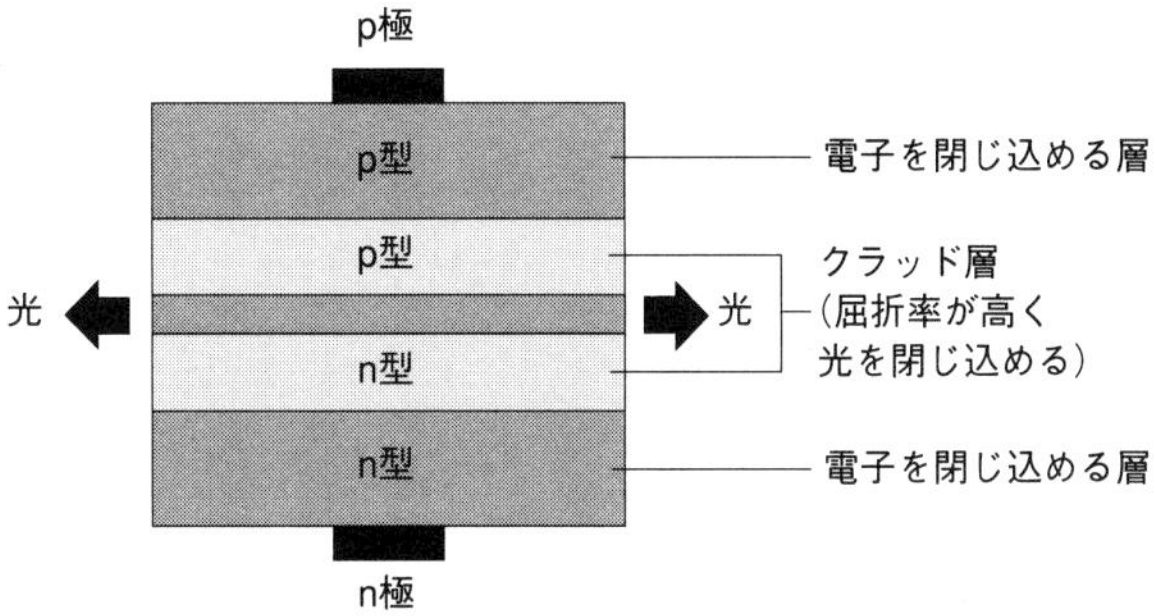

ダブルヘテロ構造　現在の半導体レーザー、発光ダイオードはこの構造で作られている。中央の発光層を、両側から同じ半導体（p型とn型のみ異なる）によって二重に挟んだ形になっている。

エレクトロニクス（電子技術）を「光エレクトロニクス」と呼ぶ。

光を出す半導体レーザー素子は、ダブルヘテロ構造という仕組みでつくられている。これはちょうど二重のサンドイッチみたいなもの。真ん中に光を出す部分があって、その両側に光を閉じ込めるクラッド層、そしてさらにそれらの外側に電子を閉じ込める層が挟んである。要するに、真ん中のハムの両側に卵を入れてパンで挟んだサンドイッチである。このとき、パンと卵、卵とハムは別のものだが、うまくつながっている……とまあ思っていただければよい。

実は、こういう別の半導体をうまくくっつけることを「ヘテロ（＝異種の）接合」と呼ぶ。ヘテロ接合が二重になっているから「ダブルヘテロ接合」で、もしハムとハム、卵と卵、パンとパンをくっつけるなら、互いに同じだから「ホモ（＝同類の）接合」というわけだ。いずれにせよ、このような「ヘテロ接合」を最初にレーザーで実現したのがアルフェロフ博士、考えたのがクレーマー博士だったというのである。

日本人がすごく貢献している分野

実は、この光通信の分野は、日本人科学者がたいへんな貢献をしている。なのに一人の日本人もこの分野でノーベル賞をもらっていないのは、正直言って非常に奇妙だと私は前から思っている。

そもそも半導体レーザーの提案は、本書の著者である西澤潤一博士の特許が世界でいちばん早いのは周知の事実だし、光ファイバーだって西澤博士の世界初の特許がある。原始的ではあるが、基本原理はもっと昔に電気試験所の日本人が出している。さらに、クレーマー博士のヘテロ接合の着想を最初に実現したのは洲崎渉博士のヘテロ発光ダイオードである。最初の室温状態（それまでは素子を冷やしていた）で半導体レーザーを発振させたのはアルフェロフ博士だが、数カ月遅れで、当時ベル研究所にいてその後NECに移った林厳雄博士も成功している。光ファイバーの高性能化に、かつての日本電信電話公社の日本人研究者が果たした役割も大きい。

光エレクトロニクスでの日本人の貢献はこれだけではない。自動車のブレーキランプ（水平に一列に並んでるほうのランプ）や、一部ではあるが信号機に使われ始めている「非常に明るい発光ダイオード（LED）」は、三原色すべてが日本人の発明によるものだ。赤と緑が西澤博士、そしてすでにあまりにも有名だが、青が中村修二博士なのである。もちろん本書の著者である。二〇〇〇年のノーベル物理学賞の公式の解説文には、LEDの応用について「電球は将来、発光ダイオードに置き換えられるかもしれない」とさりげなく記している。

問題はここのところだ。ノーベル賞を出したほうは、こんな明るいLED、こんなにすばらしい半導体レーザーができたのは「ヘテロ接合」があったればこそ、と宣言していて、だからアルフェロフ、クレーマー両博士に物理学賞を与える、というのである。それは一部は正しい。ちょっと理屈をこねると、論理的には正しい、ということだ。AだからZである。でも、これがすべてではない。BだからZである、CだからZである、というように、このような言説はいくらでもありうる。

日本人の悪いところは、向こうの連中は「AだからZである」とただ言っているのに、深読みして「ZだからAでもあり、AはZだ」とすぐに先走ってしまうことだ。現在のような高性能の半導体レーザーやLEDができたのは、なにもヘテロ接合のアイデアがあったからだけじゃない。

　もっと言ってあげましょう。半導体レーザーやLEDがいちおう製品となったときに、何人の人が、今日あるような明るい光を想像しただろうか。科学者の中にだって一人もいなかったのである。万が一いたとしても、そんな声は科学の世界に一言も聞こえてこなかった。そこを突き抜けたのが、西澤博士であり、彼のオリジナルな発想と実際にモノをつくる才能なくして、今日の信じられないくらい明るい発光素子はありえなかったのである。私が言っても信じないかもしれないが、二〇年以上の科学雑誌編集者の経験にかけて、このことだけは断言できる。

　中村博士の青のLEDだってそうだ。これほど明るいLEDが窒化ガリウムでできると考えた人がこの地球上のどこにいたのだろう。中村博士自身はそんな成否は考えず、「つくってやる」とひたすら研究を続けていたのではないだろうか。だから「きっとできる」と信じていたのは、たぶん西澤博士だけだったと想像する。

　それゆえ、中村博士が青のLEDに成功した後、直ちに報告に出かけたのが仙台の西澤博士のもとであり、西澤博士はそれを最大限に称賛したのである。このエピソードを知る人はあまり多くない。

私は近い将来、この中村、西澤両博士がノーベル賞を同時受賞すると信じている。その受賞理由は「超高輝度ＬＥＤや半導体レーザーを実現するうえで必須な、化合物半導体の結晶成長メカニズムの解明に貢献し、それらを実現する基本的な方法論を確立したこと」である。専門家の方々がどう思われるかわからないが、少なくとも私にはその日の様子が目に浮かぶのである。二〇〇X年のことだ。

ただし、物理学賞なのか化学賞なのかは、微妙だ。まさに両者の境界領域にあるテーマだからである。それゆえ、両方から推薦されないという最悪の事態も考えられるが、それは科学ではなくつとめて「政治的」問題であろう。

これについてもう少しふれよう。物理学賞も化学賞も、それぞれ候補者は、まずは物理学者、化学者が推薦する。すると、やはり各分野の主流、トピックスに目が行きがちで、そうしたテーマ、人が選ばれるのは、ある面ではしかたがないであろう。つまり、いわゆる学際研究というのは、そうした「村社会」からは外れる可能性が高い。しかも、物理学者からは「これは化学のテーマ」、化学者からは「これは物理のテーマ」という別物扱いを受けることが起こりうる。

もっと困るのは、ある研究テーマが、物理分野なのか化学分野なのか、よくわからないケースである。あくまでも推測だが、これに近いことが、日本で実際に起こったと思われるのだ。

実は、日本の学界における物理と化学と、ノーベル賞の授賞分類の物理と化学は、テーマが若干違っている。かつて日本の物理学者の優れた仕事があった。その人は物理学会の重鎮であり、物理学者のお弟子さんも多かったので、たぶん日本の物理学者たちは素朴にノーベル物理学賞に推薦したであろう。ところがノーベル賞の分類では、その人の研究は、明らかに化学賞の対象だったのである。化学者は化学者で、その物理学者の成果をたぶん自分たちの領域とは思わず、推薦しなかったと思われる。これでは笑い話で、受賞は無理であろう。

だいたい、半導体の材料やプロセスの研究は、アメリカ電気化学協会で発表されるという。日本の化学者のみなさん、くれぐれも西澤、中村両博士の成果を「物理の話でしょう」と簡単に片づけないでください。これは私の願いである。それはともかく、本書の意図は、私が考えている西澤、中村両博士の「受賞理由」が正当かどうかをさぐることにある。

才能にあふれ、実現力があり、地方都市で世界的成果

両博士と関係する個人的な話を少しさせていただく。中村博士がいた日亜化学工業は、徳島県の中でも、徳島市からずっと南に下がって、高知県との境のほうに近い阿南市にある。私が初めて中村博士に会いに出かけたときの印象は忘れることができない。

徳島市から阿南市まではかわいいローカル線が走っている。その電車に乗った途端、きちんとネクタイを締めたサラリーマンもしくは研究者らしき人、それから外国人がたくさん乗っていたのだ。それは、徳島市の街中を歩いていたときののどかなイメージとは大きく違っていた。この落差は本当に大きかった。電車が終点の阿南につくと、そうした都会的な人々はすべて日亜化学工業に向かったのである。

あっ、これなんだ！とそのとき思った。技術の世界、科学の世界では、何をなしたかがすべてである。そこがたとえ四国の田舎町であろうとも、輝ける成果が生まれれば世界中の人がそこにやってくる。創造というのはそういうものだ。人を強烈に引きつけていく。

実は、新幹線がまだできる前から仙台に通っているときもそうだった。タクシーの運転手さんが聞いたものだ。「東北大学の電気通信研究所まで外国人を何度も乗せるんだけど、いったい何をやっているんですか」と。そりゃあそうだ、西澤博士の仕事を知りたい、博士の考えを聞きたいという人は、世界中からやってくる。それが自然な人の流れなのである。

言葉を置き換えれば、何もその場所は東京や京都といった大きな都市に限らないということだ。優れた研究者のもとに人はやってくる。そのほうがずっと自然だし、それが本質だ。これが、科学、技術、研究、学問という世界のおもしろいところなのである。

それから、西澤博士の半導体研究所には、毎年、暮れになるとモミの木に先生が発明された発光ダイオードのきれいなイルミネーションが飾られる。こうした、その場で創造された製品が一般市民に地域の象徴として展示されるというのは、これはすばらしいことだ。いずれは、阿南市にも青色発光ダイオードのモニュメントが生まれ、それを見た若い人が未来への心を掻き立てるような風土が生まれることを願っている。それは、東京のような雑多な社会にはほとんど不可能な、地に足のついた地域社会であろう。

日本には、疑わねばならない「常識」がまだ山ほど残っている。先にあげた物理と化学の分野分け、また最近ではかなり少なくなったが、名門大学でしかよい研究はできないという幻想、知識の蓄積が創造に直結するという錯覚などである。なかでも大きいと思うのは、科学をすでに確立した「百科の学問」と考えていることだろう。本来の科学は、言葉からしても「サイエンス＝知」なのであり、それはダイナミックで常に変化する学問だからである。だから私は冗談半分に「科楽」という名前をつけたのである。音楽という時間的な存在を意識した造語であることはいうまでもない。

発光ダイオードの構造

さて、本書をお読みいただく上での最低限の基礎知識をもういくつか解説しておく。まず発光ダイオードだが、これは光を出す、最もシンプルな固体の半導体素子。ダイ（二つの）オード（電極）という名前の通り、二個の電極をもっている。p型半導体（プラスの電荷が電流を運ぶ半導体）とn型半導体（マイナス電荷が電流を運ぶ半導体）を接合させ、pのほうにプラス電極、nのほうにマイナス電極をつなぐ。こうしたときに、光を出すのが発光ダイオードである。

発光ダイオードに関する米国特許は、一九六二年に、ベル研究所のホロニヤック博士によって出願されている。ホロニヤック博士はノーベル賞受賞者のバーディーン博士のイリノイ大学での最初の学生の一人だった。最初に実用化したのはテキサスインスツルメンツ社で、一九六四年のことだったらしい。

半導体レーザーは、レーザーダイオードという別名でも呼ばれており、構造自体は同じで性能が違うと考えればよい。ただ、二つの端面の間で共振が起こるようになっていて、そのために指向性の高いビーム状の光が生まれる。ヘテロ接合、ダブルヘテロ接合についてはすでに説明した。

また、化合物半導体というのは、二つ以上の元素でできている半導体のこと。半導体は集積回路に使われているシリコン（ケイ素）が有名だが、西澤博士が追いかけ、今回のノーベル賞の対象にもなった高速素子や発光素子に使われているのは、ガリウム・ヒ素（ヒ化ガリウム）で、青のＬＥＤは窒化ガリウムである。

「つくる方法」の発見

もう一つ、両博士に共通の重要な点がある。それは、新しい方法論を発見したということである。科学者の方々に常々申し上げてきたことは、「ノーベル物理学賞の歴代の受賞者をながめると、とくに実験物理学の受賞者のほぼ全員は、新しい方法論を発見し、それによって新発見をされた方ですよ」ということである。日本では、理論がなぜか優先する不思議な風土のゆえかもしれないが、どうも新しい発見というものが何か思いつきのような形で頭の中で生まれると信じている人が多い。

ところが、そもそも未知であるということは、それを測ったりつくったりする手段がないから「未知」なのである。この厳然たる事実を考えれば、新しい方法論、測定装置をつくれば、新しい事実が見えてくる可能性が高いのは理の当然である。なぜこのことに気がつかないのか、いまでも不思議である。日本の科学者の多くは、何か大きな誤解、錯覚、過ちを犯しているのではないだろうか。

それはともかく、西澤、中村両博士は、結晶成長という分野で、それまでなかった新しい方法論を発見・考案したがゆえに、それまで誰もなしえなかった超高輝度ＬＥＤをつくることができたのである。

西澤博士は液体状態から結晶を成長させるために、「ヒ素蒸気圧制御温度差法」という方法を発明・発見した。これには、蒸気圧制御と温度差法という二つの創造的なアイデアが含まれている。

ヒ素蒸気圧を制御するという方法がいかに常識外れであったかは、本書でも語られているが、物理の基本法則に一見反するように見えるからであった。それは世界を巻き込んだ大論争になったわけだが、結局は西澤博士の正しさが証明され、その理論的理由もある程度明らかになった。しかし、いまなお未解決の問題は多く残されている。それでも、現在のガリウム・ヒ素系統の化合物半導体の大半は、この西澤博士の方法によって実際につくられているのだ。

中村博士のほうは、「ツーフローMOCVD」という気体から固体結晶を成長させる方法を発明・発見した。MOCVDは有機金属化学気相成長法の英語の略だ。これが、世界中でだれもできなかった窒化ガリウムによる青色のLEDを実現したのである。これも常識外れの方法論であった。

言葉を超える理解力

中村、西澤の両博士は、まさに自然という女神に愛でられし人だと思う。しかし、日本という不思議な世界、とくに日本の科学界、研究者の世界で、常に聞こえてくるのは、西澤や中村の仕事はルール違反だ、発表の仕方がおかしい、正当な科学者のやり方じゃない、といった悪口だ。

でも、そんないい加減なことで、これほどまでに明るい発光ダイオードが生まれるはずはない。世界の研究者が認める成果を上げられるはずがない。基礎科学の分野に数々の新たな研究テーマを投げかけるような研究が、成し遂げられるはずはないのだ。

つくづく感じるのは、ものの理解の仕方の違いである。確かに、西澤博士も中村博士も、上手に説明できる人とは思わない。とくに西澤博士の頭脳の回転は速く、これほど頭のいい人はちょっとお目にかかったことはない。だから、頭の回転に言葉がついていかない感じを何度も受けた。もっとも、こっちの頭の回転はSL並みなので、えらそうなことは言えないが。

話を元にもどすと、西澤博士も中村博士も、実際の結晶成長の様子を実験しながら鋭く観察しており、それは言葉では説明しきれない膨大な「余白の部分」をもっているのだ。ここに、理解に対する決定的な違いがあるように思われる。養老孟司博士の言う「大脳での理解と小脳での理解の違い」のような感じで、要するに身体で理解しているのである。

ともに実験装置自体がそもそもご自身の手作りである。いくら科学は普遍的学問といっても、自然が「見えている人」と「見えていない人」では、どうしても差ができてしまうのであろう。そもそも創造的な仕事とは、それまで存在しなかった概念や現実を生み出したから、そう呼ばれるのである。だから、たとえ専門家向けとはいえ、「言葉足らず」は避けがたい面があると思われる。

とくに凡人には、中村、西澤両博士だけが見えている結晶という微妙で美しい見えない世界、ミクロの世界があるとしか思えないのである。もっと言えば、「天才は天才にしかわからない」「創造的人間は創造的人間にしか理解できない」ということではないだろうか。でも、それでよいではないか。誰でも理解できるというのは、もしかしたら人間の錯覚、あるいは傲慢以外の何ものでもないのかもしれない。嫉妬するのは仕方がないが、それ以上のことをするのは科学者のルール違反である。

「自然という女神のヴェールをはがすためには、それとの血みどろの苦労がいるんですよ」という、いまは亡きゲル科学の創始者だった田中豊一・マサチューセッツ工科大学教授の言葉を思い出す。高輝度発光ダイオードは、決して従来の延長線から生まれたのではない。基礎研究を極めた新発見から誕生した新しい世界なのだ。これが私の見てきた素人の結論である。

松尾義之（元日経サイエンス編集部）

第一章　赤の発見

西澤潤一

自然に対する観察と経験が、「定説」への疑問となった

よく「なぜ明るいLEDが可能だと考えたのですか?」と訊かれることがあるが、この疑問はある意味ではごもっともだと言えます。というのは、LEDが誕生したあと、科学者の多くでさえも「明るいLEDなど存在しない」と考えていたからです。一九六五年あたりだったと思いますが、当時、米国を代表する論文誌『フィジカル・レビュー』に、そうした趣旨の一〇数ページにわたる大論文が登場していたくらいですから。

科学や技術の世界では、こうしたミスリードをする論文や仕事というのが、実は結構あるのです。もちろん当事者である科学者や技術者自身が意図的に誤った見通しを出しているわけではないのですが、それを根拠にしたいと思っているのかどうか知りません

が、多くの関係する人々がみんなでその誤った見通しや仮説を持ち上げて金科玉条のものとしてしまい、結果として学術の進歩を遅らせることがあるのです。

この場合、具体的には、結晶を切り出して、その上にドームをつけるという方法をとりました。上に貼りつけるのではなく、そのような形につくり上げるのです。そうすると、pn接合部から出た光はドーム表面からほぼ垂直に出てくるようにできるので、いちばん明るくなるはずです。そうやっても、簡単に言えば太陽の光が当たったら、光が出ているのがわからないくらいの明るさだ、という結論だったのです。

でも私は「これはどうもおかしい」と思いました。つまり、そんな計算ができるわけはない、と思ったのです。というのは、結晶自体がまだまだ不完全ですし、ともかくもう少しよい結晶にすればもうちょっとよくなるのではないか、という考えがもとからあったからです。それで、ともかくよい結晶をつくろうとなったのです。

このような「疑惑」は、実験をしていた私にとっては当然すぎることでした。だから私たちは実際にやったのですが、ただ困ったのは、頭脳がより柔軟であるはずの研究室の若い人たちが、逆に抵抗することなのです。私の言うことを聞かないのです。いつもそうなんですが……。

要するに、なぜか世の中の「定説」のほうを信じてしまうのです。たとえば実現するのが一見むずかしいテーマでも、それは可能だという私の理論的考察があるから実験をやっているのに、それを理解しないで「どうせできるわけはない」と思って研究してしまう。だから見つかるものも見つからない、というケースが長い経験の中でたくさんありました。

実験を積み重ねていくと、ときに自然の神様が微笑むことがあるものです。この研究でも、実際にはずるずるべったりでやっていたのですが、あるとき、たまたまですがチラッと光ったことがあったのです。相当に明るい光が出たことがあったのです。一瞬のことです。少なくとも私はそういう印象をもった。高橋香《かおる》君という職員がやっていた実験です。一九六七〜六八年のことだと思います。そこで、「これはいけるんじゃないかな」と思っていたところに、当時のスタンレー電気の手嶋透さんが私のところに訪ねてこられたのです。

前段階としてあった半導体レーザーの特許

この研究を始めたのは、じつは半導体レーザーがきっかけだったのです。私が半導体レーザーの理論的提案をしたのが一九五七年です。特許だけ出して善しとするのは私の性格ではありませんから、自分でやらないと意味がない、どうにか実際に実現させたいと思ったのです。研究を進めたいので、いろいろなところに出かけて研究費を出してくれないか、と訪ね歩いたのです。このときに多くの人から返ってきた答えが、これはいろいろなところで繰り返し述べてきた内容ですが、「できるかできないか、わからないようなテーマに金が出せるか」というものだったのです。こっちも気が短いから「できるとわかっていたら、金をもらいなどに来るものか」と反論するので追い出されちゃった！　これは実は生涯で二度やっています。

何べん言ってもラチがあかないので悔しい思いをしていたところで、米国で半導体レーザーが実現した、という話が入ってきたのです。それだから私はますます悔しい。これは一九六二年の話です。つまり、この五年間、とうとう研究費が得られなかったのです。

ま、これは前からわかっていたことではあるのですが、「日本という国は、できるかできないかわからないテーマに研究費を出すことをしない国なんだな」という思いを、本当に心の中に深く刻み込まれたのです。これは仮定の話ですが、あのとき研究ができていれば間違いなくノーベル賞を手にできたと思っていますよ、ハッハハ。

光ファイバーとAPD

でも悔しがってばかりではいられない。そこで次に光ファイバーのテーマに取り組んだのです。その当時、喜安善市《きやすぜんいち》先輩が「光を出すほうと受けるほうはできたが、伝えるものがない」と指摘してくれたからです。もちろん、出すほうは半導体レーザー。一方の受けるほうというのは、もっと前にできた。これは八木秀次《やぎひでつぐ》先生のお話がヒントになったものですが、PINフォトダイオードと、その研究から生まれたAPD（アバランシュ・フォトダイオード）です。PINフォトダイオードは特許になりましたが、APDのほうは特許を出しても一五年間では実用化しないだろうから、と考えて論文にちょっと書いたのです。ですから、これは特許にはならなかったがプライオリティーは確保した。

いずれにせよ、光を大気中に通したのでは通信には使えないよ、という話になり、それなら光ファイバーがよい、という結論に達したのです。一九六四年のことです。これには結果として先駆者がいまのNTT（昔の日本電信電話）にいたのですが、それは、石英の無垢の棒を使うというアイデアでした。これは先見の明があるものですが、これだと光がみな逃げて行ってしまう。

私たちが考えていたのは「光は逃がしてはダメなので、真ん中に集めてやる」ということでした。よく、私たちが発明した「グレーデッド・インデックス」型のファイバーのみが脚光を浴びるのですが、話の筋は、あくまでも真ん中に「コア」を入れるというのが基本でした。表面波伝送のこともきちんと考えていました。つまり、コアの形は規定していないのです。そのあと、コアつまり屈折率の高い部分の分布をどうすればどんな光伝送になるかをいろいろと考えました。

特許を申請するにあたって、弁理士と相談する中で、対象を具体的に絞るべきだということになり、特許の請求範囲は「グレーデッド・インデックス型ファイバー」となったわけです。

光ファイバーの特許と高純度化

純度を上げるという話は、たまたま弟が同じ東北大学の金属工学科にいましたので、彼の先生である金子秀夫先生の話を聞いたのです。日本ではシリコンを融解する「石英るつぼ」にはホウ素（ボロン）が含まれていて、このるつぼで結晶をつくると、この元素が結晶の中で集まるという性質を持っている。もちろん、品質の高いシリコン結晶をつくるには、こうした元素は排除しなければならないので、ホウ素の入っていない「るつぼ」を使わなければならない。そこで、ドイツの「ヘラウス」という会社からたくさん輸入していた。これはいまでもある会社です。

当然のことながら、これを国産化できないか、という話が出てきます。そこで金子先生は、半導体デバイス用にシリコンを切り出した純度もかなり高い「切れっ端」がたくさん出るので、これを酸化してシリカ（二酸化ケイ素）にして、るつぼの材料にしようと考えたのです。このような研究をされていることを、私は弟の関係で存じ上げていました。

このように、シリコンの純度を上げるという研究が進行中であることを私は知っていましたから、そのことを特許の中には書けない。だから、純度を上げる話は書かずに、光ファイバーの特許は「構造」に関する部分で出したのです。それが一九六四年で、六六年に英国スタンダード電信研究所（ＳＴＬ）のチャールズ・カオ（現在は香港在住）が「ファイバーの純度を上げると、一〇〇キロメートルくらいは光を伝送できる」という論文を発表したのです。

先日ですが、某新聞が「この一〇〇〇年の間にアジアでなされた最大の科学的業績は何か」というアンケートを実施しまして、カオの仕事が選ばれたのです。純度を上げればよい、ということですが、でもそれだけでは光ファイバー通信システムにはなりえない。光が逃げてしまいますので、この決定にはちょっと首をかしげる専門家も多いと思います。でも、カオのためにはたいへんよいことなので新聞記事を送ってやりました。いずれにしても、この後、ファイバーに関する研究の流れは、「より高純度のものへ」という方向に流れていきました。

組成と純度が未解決だった

さてレーザーのほうですが、私は、すでに述べたように、必ずモノになると思っていましたし、そのためには素材の純度を固めることがポイントだと考えました。純度を上げないと「信頼度」が上がらずに、どうしようもないからです。だから、ガリウム・ヒ素（ヒ化ガリウム）の研究に本格的に取り組もうと決断したのです。

これは、その一〇年以上も前に取り組んでいた黄鉄鉱という半導体材料での経験なのですが、「化合物半導体というのは組成がズレるので、このズレが大きな意味をもつのではないか」という仮説をもっていたのです。

つまり、「純度」という問題と、「組成」という問題の二つが未解決なのだ、と私は考えました。これらを解決すれば、きっと新しい展開が生まれるはずだ、と。つまり、先に紹介した大論文のような「明るい発光素子はできない」という結論など下せるはずがない、と推論したのです。いくら著名な雑誌の論文でも、私にはそれを鵜呑みにできなかったのです。

蒸気圧制御温度差法の考案

そこから、苦闘が始まったのですが、タイムリーなことに、いわゆる「ヒ素蒸気圧制御温度差法」を開発することができたのです。ヒ素の蒸気圧中で、ガリウム・ヒ素結晶を熱処理してみたわけです。これが非常にうまくいったのです。

実は、競争というかタイミングにはちょうどよいタイミングというのもあるのです。それは実験データの再現性に関する部分で、ガリウム・ヒ素結晶成長については、当時のNTTにいた有吉昶《あきら》さんたちがたいへんな努力をされて、再現性の高いデータを出せるようになった。ちょうどそのときに、たまたま私たちがこの分野に入ったのです。そして「ヒ素蒸気圧法」できれいなデータが出るようになった。これは間違いないと思って『アプライド・フィジックス・レターズ』に論文を投稿しました。

この論文はよく記憶に残っているのですが、普通だと必ずといっていいほどリジェクト（掲載拒否）されるのに、このときだけは不思議なくらいにスムーズに通ったからです。

実は、その半年ほどあとに、スタンフォード大学のジョン・モルが同じような論文を書きました。これはスペインから来た学生との共著論文でした。彼はその後も、この分野で継続的に研究をしましたので、おそらく、私たちとまったく独立に、ほぼ同時期に「ヒ素蒸気圧法」を発見したのでしょう。ただ私たちの方が少し早かった。もちろん、彼らは悔しかったでしょうが、結晶成長のすばらしさに気がついていたから、我々の論文を受理したのではないかと思っています。これはラッキーでした。一九七〇年頃のことです。後になっても、モルのようにフェアな人は少ないことを知ることが多かった。

さて、これだけの結晶ができたのですが、何に使おうかとなるわけです。当時はまだ半導体レーザーは信頼に足る段階ではなかったので、ともあれ発光ダイオード（ＬＥＤ）をつくってみようということになったのです。これだけの結晶だから、きっと明るいのができるはずだ、と思っていたわけで、まさにその通りの結果となったのです。何度も述べた大論文が間違っていたというわけです。

この場合のよい結晶という意味は、ガリウムとヒ素が一対一の比率の結晶という意味です。このことを専門用語でストイキオメトリー（化学量論）と言います。この組成を実現すると、必然的に結晶欠陥（一種のズレ）が著しく減るのです。順序が逆になりますが、まずは、拡散法、つまり熱処理する方法で結晶成長させても大丈夫だ、という結論を最初に得たのです。そのとき、できた結晶に圧力をかけるよりは、結晶をつくりながら圧力をかけるのがよいだろう、と考えたのです。もちろん、できた結晶にヒ素蒸気圧を加えても効果が出るわけですが、それより、成長過程で加えたほうがもっとよいだろう、というわけです。そこで、ま、お金もないから液相成長法でやってみたわけです。液相法でガリウム・ヒ素結晶を成長させながら、上のほうからヒ素蒸気圧を加えました。

しかも、冷やしていく液相成長法（徐冷法）はダメで、温度を一定にしておいて成長させる温度差成長法がよいだろう。具体的には、結晶が成長する部分に、ほんのわずかですが温度差をつけると、両者の中の低い温度の部分で結晶が成長していく。つまり、一定の温度のところで結晶成長するから、理論的に言えば、非常に均一性の高い結晶が得られるはずなのです。これもズバリうまくいきました。この頃活躍してくれたのが奥野保男という男です。

科学の基本原理と合わない？

　これだけうまくいったヒ素蒸気圧法によるガリウム・ヒ素結晶成長ですが、なぜか金属学者とは意見が合わなかったのです。彼らは「そんなことができるはずない」と言うのです。

　つまり、ガリウム・ヒ素の溶融部分には、ヒ素は飽和溶解度ぎりぎりしか入りえない。私たちがやっていることは、そこに外部からヒ素圧力を加えてもっと入れ込もうというわけですが、これは科学的にはありえないというのです。飽和溶解度以上にヒ素が溶融部に

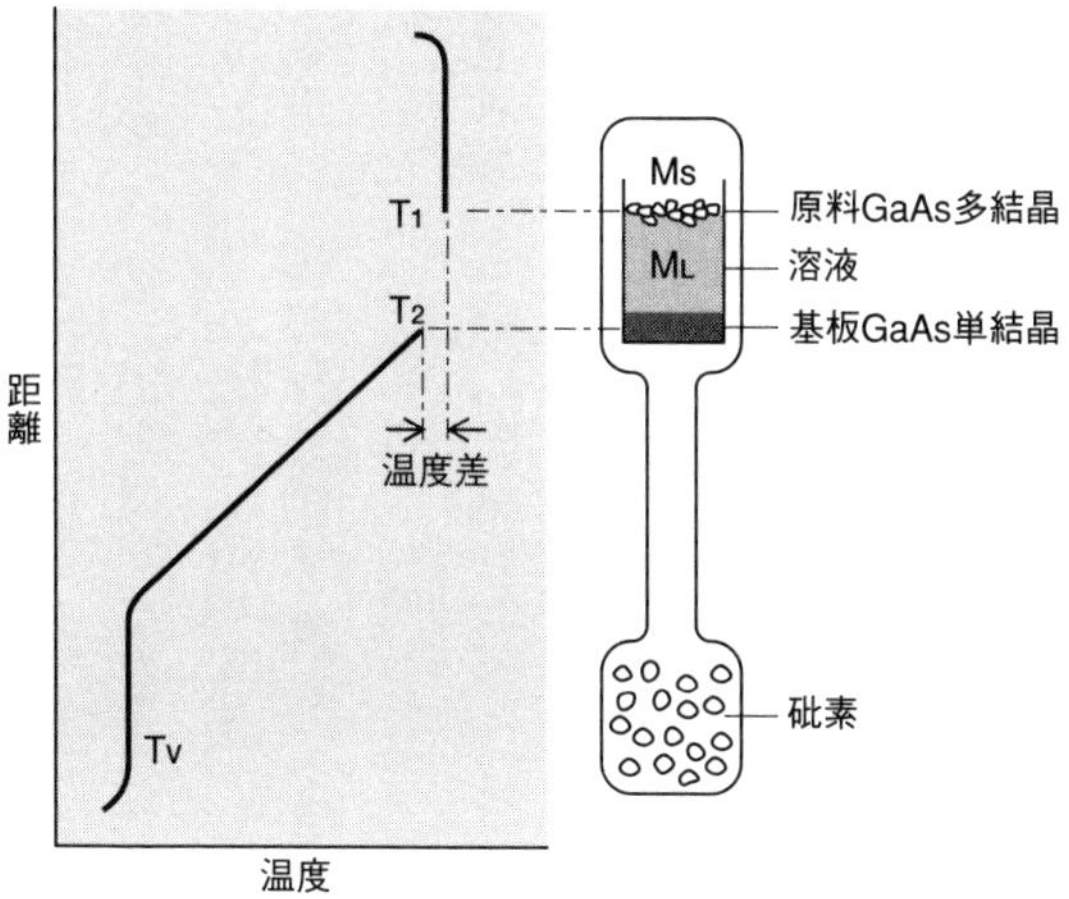

蒸気圧制御温度差法　西澤博士が考案した画期的な化合物半導体の結晶成長法で、温度が一定のところで結晶が成長するという特徴と、揮発性の元素（ガリウム・ヒ素結晶の場合ならヒ素）の蒸気圧を加えて成長させるという二つの特徴を兼ね備えている。

入ることはない。逆に、ヒ素の圧力が減ると、溶融部のヒ素は飽和溶解度以下になりますから、今度はヒ素が結晶成長部において析出してくるはずがなくなる。

こういう理屈なのに、ヒ素蒸気圧が低くても高くても、なんで結晶成長するんだ、というわけです。温度差も非常に微細ですから、彼らの理屈がそのまま通るように見えたわけです。でも、私たちが実証したように、実際にはできるのです。この問題については、科学の基本原理にも関わることですから、私たちも詳しく調べてみた。

熱処理と成長法のデータが一直線に並んだ

奥野君がやってわかったことは、蒸気圧中の熱処理をやったときに、温度に対する最適蒸気圧曲線というのがとれるのです。これと同じことを、結晶を成長させるときにもやって、データをとったのです。結晶成長の場合は「温度差法」を使っていますので、その差はわずかであっても、何度で結晶に固めているか、成長しているかは簡単に正確に求めることができます。そのときのヒ素蒸気圧がどれだけかを求めるのです。こうして、できた結晶の転位密度と抵抗を測って、結晶成長の場合の、温度とそのときの最適なヒ素蒸気圧の関係を蒸気圧制御熱処理のときの図表とともに一つのグラフにプロットしたのです。

蒸気圧処理と蒸気圧制御のもとで結晶を固めるときの、一番いい結晶ができる値をこの同じグラフに書き加えていくと、きれいに直線の上に並びました。もしこの現象がまったく別のものであるなら、同じ直線上に並ぶことはまずないでしょう。つまり、溶けているものが固まるときであろうと、固まっている状態であろうと、「最適ヒ素蒸気圧は温度が同じなら同じ値である」というのが私たちの結果でした。

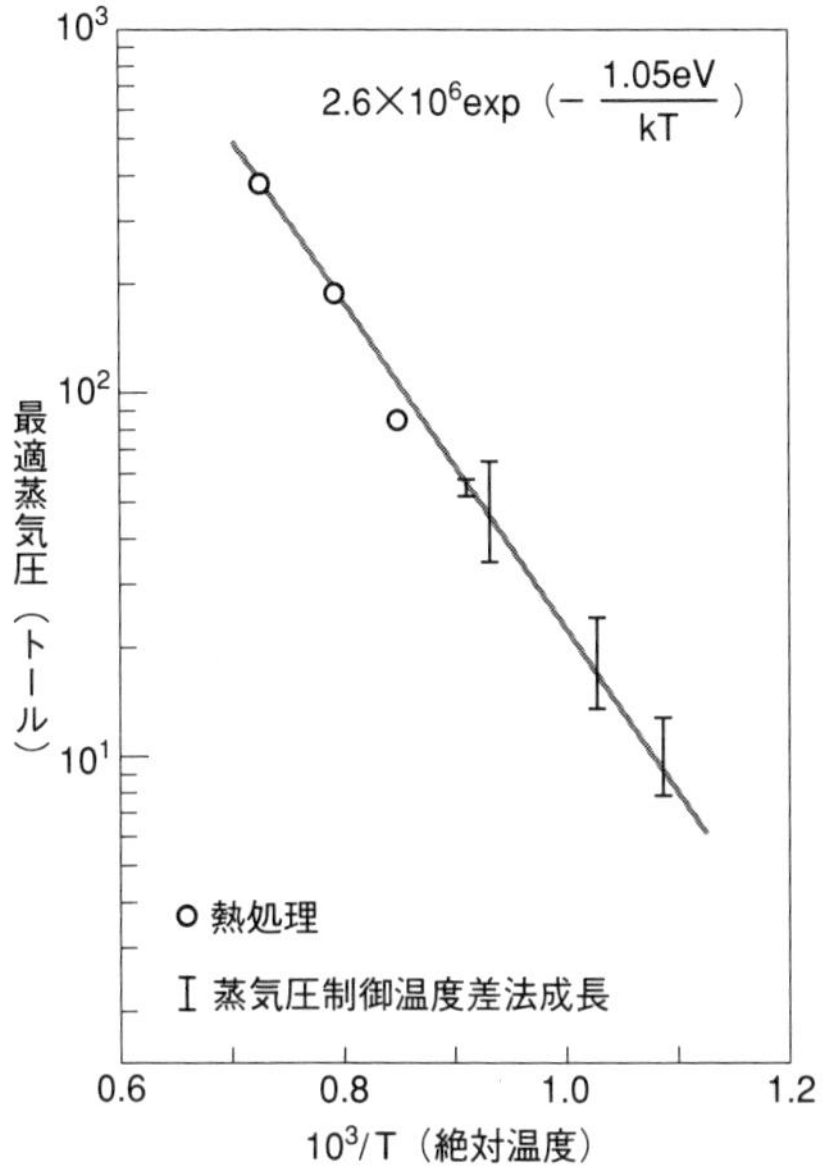

熱処理の結果と結晶成長の結果　二つの結果が一直線上に並んだことにより、ガリウム・ヒ素結晶の成長において、最適なヒ素蒸気圧があることが明確になった。

これを別の表現で言いますと、表面から加える蒸気圧によって液相の中のヒ素の組成がほんの少し変わるはずです。液相の中のヒ素の密度がほんの少し多くても少なくても、同じように結晶は析出してくる、ということです。蒸気圧の影響を受けながら結晶成長してくるのと同じになると考えられるわけです。もしも出てくる結晶が完全にガリウムとヒ素が一対一の組成の結晶であったなら、ヒ素蒸気圧の影響など出るはずがないでしょう。溶けた相の表面部分が飽和して出てくるわけですから。

ところが差が出るということは、結晶として固まるときに、わずかながらヒ素の含有量に幅があるということです。だから、外部から最適より高いヒ素蒸気圧を加えてやると、液の中のヒ素の組成が高まるわけです。繰り返しますが、このときのヒ素蒸気圧は、高すぎても低すぎても組成が悪くなる。あくまでも「最適な」蒸気圧というものがあるのです。たぶんそれは析出してくる結晶がヒ素とガリウムの原子比1のときなのでしょう。

ここまでの話をもう一度、確認しましょう。一つは、すでにできたガリウム・ヒ素結晶を、最適ヒ素蒸気圧の環境中に入れて熱再処理して、ヒ素を拡散させたときによい結晶ができること、もう一つは、最適ヒ素蒸気圧をかけながら結晶を成長させたときもよい結晶ができることがわかった。しかも、それだけでなく、それぞれの場合に加えるヒ素蒸気圧と結晶温度の関係を同じグラフにとってみると、きちんとした直線の上に並んだということです。しかも、ともに最適ヒ素蒸気圧より高くなるとヒ素が余分に入り、低くするとヒ素格子点にヒ素がいなくなって穴があくらしいということです。

つまり、両者は一見違うようだけど、実はまったく同じプロセスでなされているようだ、という結論を我々はつかんだのです。ここがポイントで、まさに我々の拠り所となった実験結果でした。

そのあとガリウム・リンという化合物半導体の結晶成長に取り組んだのですが、まったく同じ現象が見られたのです。そして、いまなお、こうした揮発性の化合物半導体の結晶成長に関しては、我々のストラテジーがすべてうまく行っているのです。失敗するのは一つもない。

化合物半導体は、組成比でｐ型ｎ型が決まる

ところで、当時、昔から言われている一つの経験法則がありました。それは「テルルの化合物はｐ型半導体になるが、他の化合物はすべてｎ型半導体になる」というものです。

たとえばガリウム・ヒ素という化合物を例にとりますと、温度を上げていくとヒ素のほうが蒸発して足りなくなる。つまりガリウムという金属が多い結晶になる。金属が多

いということは、還元性が強いということです。金属と酸素の混ざったものを同時に置いておくと、金属のほうが多ければ還元され、酸素のほうが多ければ酸化してしまう。そこで、金属のほうが多ければ還元性が高いというのです。この還元性があるものというのはだいたいn型なのです。これは経験法則です。つまり、酸化性であればp型、還元性であればn型になるという考え方です。ただこの考えには、理論的根拠もあると思います。

確かに、テルルというのは蒸気圧が低いのです。ガリウム・ヒ素だとV族元素のヒ素のほうが蒸気圧が高い。化学式で表現したとき、右側にあるほうの元素の蒸気圧が高いのが常識なのですが、テルルというのは風変わりな材料なのです。これは非常に蒸気圧が低いのです。だから、そこだけがp型になっている。このことにうまく符合してテルル化合物だけがp型になっている。こうして、「テルル化合物はp型、それ以外はn型」という経験則がありました。

でも、これまで述べたような推論および実験結果が我々にはありましたので、「そんなことはないだろう」と思ったのです。

つまり「蒸気圧をかけながら結晶成長させれば、両方の型ができるはずだ」というわけです。すると、本当に両方ができたのです。これも我々の論理の正しさを裏付けるものとなりました。言い換えると、III—V族、II—VI族というような化学量論的化合物結晶の場合、あくまでも両者の間の比率（組成比）によって半導体の型も決まるんだということも突き止めたのです。

成果をきちんと認めてくれた住友電工

これは非常に基礎的な化学的成果でして、ありがたいことに、このあたりの我々の研究成果をノーベル賞の候補に推薦してくださった方がおられたようです。

推薦してくださったのは日本の物理学者で、これに応える形で外国の科学者が一〇人の日本の化学者に評価を問うアンケートを出したようですが、残念ながら全員が「あんな仕事はたいしたことはない。自分の仕事のほうがはるかに重要だ」という答えだったそうです。ま、私の弟は金属工学者ですが、彼だって認めないんだもの。ハハハ、困ったものです。

それでも私はこの「化合物半導体の固体結晶の性質は、あくまでも化学量論的に決定する」という発見は、大変重要な成果で、その後のこの分野の明確な指導原理（ガイディング・プリンシプル）になったと信じています。繰り返しますが、たとえば二元素化合物なら両者の組成比率によって、固体結晶の性質は決定する、ということです。

経験的にはオーバープレッシャー法（過剰圧力法）というのはあったのです。それは我々が確立したヒ素蒸気圧法に比べると、あくまでも経験的手法でした。そうやったときに、実際にどうなるかという実験的裏付けがまったくなかったのです。

実際、日本の住友電工は、我々とはまったく関係なく、このオーバープレッシャー法でガリウム・ヒ素結晶を製造していました。時期的にはほとんど一緒ですが、彼らもこの手法がよいことを認識していた。そうしたときに、我々が最適ヒ素蒸気圧曲線という成果を発表したのです。そして、彼らは我々の成果を利用して最適圧力でやってみたら、その通りになったというのです。

このときよかったのは、住友電工の人々は、「おたくの成果を使ったらうまくいったよ」と我々に伝えてくれたことです。日本の企業は、こういうとき、なぜかそう言ってくれないのが常なのです。この点で、住友電工はたいへんフェア、公正な会社だと思います。我々にとって、たいへんありがたかったのです。そして、いまでも住友電工はガリウム・ヒ素の結晶においては、世界のシェアの大半を占めているわけです。

高輝度発光ダイオード、レーザーダイオードともに、ほとんどがこのヒ素蒸気圧法によるガリウム・ヒ素結晶でつくられています。私の最初のねらい通り、材料の品質をよくして、転移を少なくすると、表面から内部に転移が入っていくことがないから長寿命になる。こういうことがすべてできたのです。

住友電工のように言ってくれることが少ないので、多くの人はありがた味がわからないようですが、これだけレーザーの品質が向上したのにも、我々の貢献は相当にあるのです。発光ダイオードのほうは、いわば直接的な成果として表に現れてきますので、初期の頃、やっと見える程度の明るさだったものが、自動車のブレーキランプ用のように明るすぎて困る、というくらいにまで進歩したのです。

スタンレー電気との共同研究

一方、スタンレー電気のほうは小さい企業だったので、もともとは東北大学の別の研究室に何か教えてもらいたいという話だったのですが、いろいろあって私のところに来られたのです。きっかけはいろいろあったのですが、その後は、難しい局面もあったのですが、結果として研究開発を継続することができました。新技術開発事業団（当時）への研究費の申請もやったのですが、研究費が不足がちになり、追加支給を出してもらったりもしました。研究室の高橋香君をスタンレーに送り込むこともしました。そして結局、小さな結晶をつくるときはうまくいかなかったのですが、手嶋透常務が大きな結晶をつくるように変えたことで、成功へと結びついたのです。

あとになって振り返ると、スタンレー電気との共同研究は、危ない橋を何度も渡っているのです。これが新技術事業団研究開発委託事業の最初のプロジェクトです。こうして、私たちが発見した赤い光の高輝度発光ダイオードが、スタンレー電気で初めて商品化されたのです。スタンレー電気の手嶋さんもよかったですが、新技術開発事業団のほうも、過去最高額の特許使用料を受け取ることができたのです。しかもそれが七年間も続いたのです。

緑の発見

その頃、緑でもできるのではないかと考えつきました。というのは、当時ガリウム・リン結晶を使っていて、そこに窒素を加えるのですが、そうすると真ん中に変な準位ができて発光効率が落ちるのです。これは間接的な遷移で、あまりうまくないのですが、何らかの形で全エネルギーが光に変換される仕組みがあるのではないか、と考えたのです。

ちょうどこのとき、三菱電機から十河君というノンキャリアの人が半導体研究所に来られた。特定の研究というのではなく、半導体研究所における研究に参加させて、論文を書かせるようにしてほしいというのです。そこでガリウム・リンの研究をやってもらったのですが、彼はたいへんよく仕事をしてくれまして、これまたある一瞬なのですが、ピカッと光る現象を見つけることができた。しかも、きわめてきれいな光が出たのです。この当時、窒素を入れなければガリウム・リンは光らないと言われていたのです。しかし、そのままで光り、しかも非常にきれいな緑色だったのです。「これはうまくいったな」と思いました。

この話があったときに、恩師の渡辺寧《やすし》先生が静岡大学をおやめになって、沖電気の顧問をされており、私に沖電気にも何かやらせてやれ、とおっしゃったのです。企業というのはいろいろで、とくに新しい研究開発の場合、その企業の実力がもろに出てくるのです。それはともかく、あまりおっしゃるので、まずは沖電気とガリウム・リンによる緑色の高輝度発光ダイオードの共同研究をすることになりました。今度の場合、実際にきれいな光も出ていましたから。でも、これは困ったのですが、我々のストラテジーであるガリウム・リン結晶でなく、窒素添加のガリウム・リン結晶の研究を進めてしまったのです。沖電気の事情はあるのでしょうが、共同研究としてはこれは約束違反に近いので困りました。

　そんなことが進んでいるうちに、スタンレー電気の赤色の高輝度発光ダイオードが実現し、世界的に大きく注目されるようになりました。そこで、スタンレー電気から、緑色のほうもやりたい、という話が持ち込まれたのです。そして始めちゃったのです。「沖電気との契約があるので、たとえ実現してもスタンレーで生産できない可能性があります」と申し上げたのですが、それはかまわないからやらせてくれ、と言う。

　結果として、スタンレーのほうでよいものができちゃったので、結果として、沖電気も新技術事業団も事後承認という形になったのです。いま述べたように、実際には沖電気のほうは私たちの方法をとらずに窒素添加のデバイス開発を進めていましたので……。これは、最初の工業生産に関する部分で、もっとも、沖電気のほうも、その後、赤と緑の発光ダイオードではかなりの業績と収入をあげることができたのです。

　スタンレー電気のほうは「ピュア・グリーン」と称して非常にきれいなものができるようになった。この発光ダイオードは量は少なかったけれど、スタンレー電気の売り文句となったわけです。こうして、新技術事業団の委託研究の「認定」により、高輝度発光ダイオードの製品化に関しては、赤も緑もスタンレー電気だ、ということになったのです。あとは「青」だということになった。

青は発見したけれど……

私は、「青」に関してはセレン化亜鉛（ZnSe）がよいだろうと思って、そのすぐ後に研究をスタートさせました。でも、これにはいろいろな方から「そんなことはない」という否定というか反発を受けまして、文部省科学研究費などもなかなか受けられませんでした。人のやらないことをする、というのはホントに苦労が絶えません。そして、奥野君が結局は発光に成功するのです。

奥野君はその成果をもってスタンレー電気に移って開発を始めてしまいました。いっぺんできたといっても問題はたくさんありますから、よくよく注意するようにと私は心配したのですが、あとから振り返ると、その危惧が当たってしまった。光は出るのですが、電極の接触が悪くて、電極の金属が発光材料の部分に拡散していって最終的に動作効率が悪化してしまうのです。信頼性が上がらないので商品化が遅れてしまっている。こうした状況の中で、日亜化学工業の中村修二氏が飛びだしてきたのです。

中村氏がやったのは「気相」成長法ですから、当然、製造する量というか規模に制限があり、値段が高いです。ですから、将来、液相法による製品が登場すると負けるぞ、と言っているのですが……。やっぱり発光ダイオードは安価でないといけないから。

失敗に対する恐怖心をもって……

これは決して悪い意味ではなく、中村氏は知能犯ではなくいわば「暴力犯」のようなものです。まわりができるわけないだろう、という中でも、「とにかくやってみる」というタイプですね。私自身は、どちらかというと「知能犯」のほうだと思っています。やはり基本原理を常に突き詰めながら研究をしてきたつもりです。

我々の時代というのは、「おもしろいからやりたい」などと言っても、絶対に認めてもらえない時代でした。だから、なぜそれが可能だといえるのか、非常に基礎的な研究を積み重ね、実験データを出し、その上で、一つ飛躍したアイデアを出していくのですが、それでも認めてもらえないのです。そういう意味で、中村氏のような人が表舞台に出てくる時代はまさに歓迎すべきことだと思っています。問題は、彼ほどの仕事ができないのに、大きなことを主張する人物が多すぎることでしょう。たくさんの研究費を出してもらいながら、それだけの成果を出せないというのは、本人の才能、努力はもちろん、何か問題があるように私は思います。

研究というのは、ある面で非常に厳しいところがあって、いくら誤魔化しても、結局は本当のことしか残らないという面が、おそらく他のどんな分野より厳しい現実としてあります。ですから、とくに若い人はそのことを常に心の中に銘記し、行動しなければいけないと思いますよ。

最近では新聞を中心としたマスコミの持ち上げ、そして出資者である国の機関とか国立研究所、あるいは企業が一生懸命宣伝しようとしますから、研究者にとっては「甘い罠」がいつでもどこでも待ち構えているという面があるように思います。もっとも、端《はな》から誤魔化してやろうという輩《やから》は例外ですがね……。このことを別の言葉で言えば、「失敗に対する恐怖心」があまりにも欠如しているのではないでしょうか。

もう少し「当てる確率」を高めるような努力をしなければいけない。当てることのできない人間が研究をやったら命取りになるんだ、ということを胆に銘じなくてはいけません。そのことを自覚させるべきだと思います。

問題解決の熱意と工夫

これまでの話を聞かれると、要するに「きれいで、きちんとした結晶ができたので、世界が注目した高輝度発光ダイオードが簡単にできた」という印象をもたれるのではないかと思いますが、決してそんなことばかりではありません。手嶋透さんのスタンレー電気だって、よい結晶の作り方、ヒ素蒸気圧法はきちんとお教えしてあるのですが、実際の製品をつくるという前提に立っていろいろ研究開発を進めてみると、そう簡単には多くの問題は解決しない。スタンレーの場合は、大きな結晶にするというあたりがポイントになり、採算ベースにのることができたわけですね。

大きな結晶を使うということは、周囲のできの悪い部分が相対的に少なくなるとか、いろいろな問題解決につながったと思います。ただ、そうやったことに根拠があったのかどうか、というと決してそうではなかったと思います。苦し紛れといえば語弊があるでしょうが、どうにか問題を解決しようという熱意と工夫と挑戦が、大きな結晶にしてみようという具体策に踏み出させたのではないでしょうか。

高橋香君だって、実験室の規模では小さな結晶しかできないから、研究者としては大きな結晶をつくってみたいという抑え難い欲求はあったと思います。「大きくすればよくなる」というしっかりとした根拠に立ってやったのではないと思います。偶然にも大きくしたら、周囲の不良部分が相対的に減少し、フラットな部分が多くとれてうまくいった、ということがホントのところだと思います。

最近では、シリコンウエハーなど、歩留まりを高めるためにより大きな結晶インゴットを引き上げていますが、ここではっきり認識しておかないといけないことは「大きくしたことで結晶の組成や精度がよくなる理由など何もない」という点です。

結晶成長という難解な世界を切り拓く

話が再び昔に戻りますが、私たちがガリウム・ヒ素やシリコンの結晶成長に取り組みだしたとき、そもそも結晶成長のメカニズム自体がよくわかっていなかったのです。当時「フランク理論」というのがあって、スクリュー転位という螺旋《らせん》状の結晶のズレの部分がないと、結晶は成長しないと言われていました。したがって、結晶の一部分にわざわざそうした転位をつくってから、結晶を成長させることを考えていたのです。

ところが、実験をしながら、これはおかしいと思いました。そうではなく、結晶はあくまでも二次元的に成長して広がっていくのではないか、と私は思っていたのです。

この研究は、教室の助川徳三君をつけて、結晶表面に生じた凹凸を徹底的に写真に撮るよう指示しました。ここでのポイントは、銀の薄膜を表面につけないと写真に撮れないというところです。この手法は、当時、地質調査所にいて後に東北大学教授になった砂川一郎さんが一生懸命やられていた。彼とは高等学校時代に同室だったのです。そこで助川君をセミナーに参加させて、砂川さんからその手法をきちんと教えていただくよう指示したのですが、帰ってきても何もしないのです。しかたないので爆弾を落とし、溝ノ口に行かせてようやく教えていただいたのです。

そのあとに来た学生が、いま静岡大学電子工学研究所長をやっている熊川征司君です。彼はもう少しよくやって奇妙な現象を見つけたのですが、それ以上、進展しなかった。その後が角南英夫君。ちょうどその頃宮本君が助教授になったときだったので、宮本＋角南のラインでこの研究を継続・発展させてもらったわけです。宮本君はこういう経緯を言わないから、角南君も「宮本先生と私だけのアイデアで研究をやった」と思い込んでいるのです。どういう経緯でどういう手法でこのテーマがなされたのか、関わった者の間に不正確な認識と誤解が生じたのは残念です。

それはともかく、この表面を探る研究によって、シリコン結晶は表面から順に成長していくことが疑いなくわかったのです。では、スクリュー転位という尖った部分がなぜできるのか、という疑問が生じました。これも実際に尖った部分を使って観察してみたのです。そしてこれまた驚いたのですが、そもそも、この尖った部分で結晶が成長しているのではなく、別の部分で成長していたのです。これはおかしい！

そこで論文を調べてみると、コッセルという人が、表面に付着したいくつかの原子が複数個まとまってくると、それが結晶成長の核になる、というモデルを提出しているのです。「コッセル・モデル」と言います。これはかなり古い理論です。調べてみると、古い理論のほうがおもしろいのがたくさんあるんですね。この考え方を見事に見せてくださったのは木下是雄先生です。

こうしてシリコンの結晶成長はコッセル・モデルが正しいぞ、ということで、英文の単行本である『クリスタル・グロース（結晶成長）』の第二章にそのことを書いたのです。どのくらいの速さでくっついてくるかとか、どういう条件のときに新しい核が成長するか、そして過飽和のときにピラミッド状の形状ができるとか……。こうして、欠陥のない結晶がどのように成長するかという、きわめて重要な問題が我々のところでほぼ明らかになったのです。最終的に仕事を仕上げたのは、もちろん宮本君と角南君です。

その頃、寺崎健君が松下電器から帰ってきたので、彼を半導体研究所の中枢に育てようと考え、彼にテーマを続けてもらったのです。彼のアイデアがおもしろかったのは、微細加工技術でテーブル状の円形部分をつくり、それに結晶成長をさせたらどうなるかやってみようというのです。私は、そんなことをしたら、テーブル部分をつくるプロセスで欠陥が入ってしまうのではないか、と忠告したのですが、ともかくやってみようということでやったのです。そしたら、非常にきれいにできた。テーブル部分が水平に広がるとともに、小さなピラミッドができてくる。

そこで次に、私が三角形のテーブルにしたらよい、というアイデアを出しました。三角形の形をずらしてつくることで、表面の成長に関わるパラメーターがきちんと測定できるからです。こうして、表面における結晶成長のパラメーターも把握することができたのです。

第二章　青の発見

中村修二

入社一〇年の苦闘がかけがえのない財産となった

一九七九年に徳島大学を卒業して日亜化学に入社しました。日亜化学では開発課の所属になったんですが、同僚は三人でした。当時は僕を含めて四人です。そこでやっていたのは、ガリウム・メタル（金属ガリウム）の精製でした。純度の低い汚いガリウムという金属があるので、その純度を上げる精製の仕事です。そういう仕事をやっている職場に入ったのです。

私がそこに入ってから、営業の人間が「ガリウム・リン」の仕事を取ってきたんです。「ガリウム・リンの多結晶をつくったらどうか」というのです。これは、黄緑色の発光ダイオードに使われる材料です。そこで、私は三年くらいかけてガリウム・リン多結晶を一人でつくり上げました。確かにつくって製品化したのですが、すでに大手企業が先に製品化していましたから、そんなに売れませんでした。一〇〇万とか二〇〇万円は売れたのですが、そのくらいなんです。

そこで次に、また営業の人が「ガリウム・ヒ素」をやったらどうか、という話をもってきた。この物質は赤外のＬＥＤ（発光ダイオード）や半導体レーザーに使われるでしょう、だからです。これもやはり三年くらいで製品化までもっていったんですが、やはり売れなかったんです。これも一〇〇万円、二〇〇万円でした。理由は同じく大手企業がすでにやっている。

次にやったのは、「ガリウム・アルミニウム・ヒ素」の液相エピタキシャル成長でした。これは、当時の西澤先生もやられていた。それで、赤色ＬＥＤと赤外のＬＥＤをつくったんですが、スタンレー電気や大手企業がつくっていましたから、これまた売れないんです。

青の発見に導いた独創技術を開発

このように、入社して一〇年間で「ガリウム・リン」「ガリウム・ヒ素」「ガリウム・

アルミニウム・ヒ素」という三つの化合物半導体の開発をやり、すべて製品化までもっていったんですが、いずれも売れなかったんです。そこで、いまの言葉で言えばキレてしまいました。

昔から青色のLEDに取り組んでみたいと考えていました。実際、上司にそのことを言ったんですが、「金もない、人もいない、何にもないのに、おまえ、できるわけないだろ!」と一喝で終わりでした。そんなこともあって、ついに一〇年目にキレてしまい、「青色LEDをやらせてほしい」と会長に直訴《じきそ》に及んだのです。そしたら、意外なことに、簡単に「やってよい」ということになって、お金も出してあげるということになり、八九年から研究開発を始めたのです。

その前に一年間、フロリダ大学にMOCVD(有機金属化学気相成長法)の勉強に行きました。装置の使い方を知らなかったからです。そして、どの材料で青色LEDをやるかということで、炭化ケイ素、セレン化亜鉛、窒化ガリウムという候補が三つあるなかで、大手企業がやっていない窒化ガリウムを選んだのです。なにしろ、それまでの経験が身にしみていましたから。

最初は市販のMOCVD装置を購入して始めたのですが、いい膜はできませんでした。そこで、この装置を改造、改造していって、九一年の終わりくらいでしたから二年くらいたったときに、「ツーフローMOCVD」ができたのです。その「ツーフローMOCVD」ができてからは、何をやっても、数カ月単位で窒化ガリウムの世界でブレークスルーが達成でき、それが現在まで続いています。

つまり、「ツーフローMOCVD」という仕組みを実現して以降は、すべてウチが出すデータが世界一なのです。この一〇年近く、ずっと世界一を維持・発展させ続けているんです。だから、「ツーフローMOCVD」が一番大きなブレークスルーだったといえるでしょう。「つくる装置」という根本のブレークスルーを達成したので、その後は、モノのブレークスルーをどんどんしていくことができたのです。

つまり、青色LEDをつくるためのブレークスルーがどんどん達成され、九三年の終わりに最初に製品化を発表しました。その後、九五年に世界初の青色レーザー発振に成功しました。レーザーは九九年に製品化しました。簡単に言えばこういう流れです。

なぜ会長は直訴を認めたか

会長への直訴はすんなり行きました。なぜすんなり行ったのかと言いますと、本人は言いませんが後になって知ったことがあるのです。私は過去一〇年間、日亜化学の中で、いわば新しい道をつくってきたのです。その道をつくっているときの私の姿を見ていてくれて、事務所で噂しとったらしいのです。「ナカムラは大ボラ吹きじゃ。しかしちゃんとモノをつくる」って。

日亜化学というのは蛍光体が一〇〇%の会社だったのです。僕が入社するまでは。そこで僕は「ガリウム・リン」とか「ガリウム・ヒ素」とか「ガリウム・アルミニウム・ヒ素」をつくった。売れないけれど、一〇〇万、二〇〇万は売れたんです。あるいは三〇〇万円かな。つまり、蛍光体以外の製品をつくったのは僕だけだったらしいのです。実は、蛍光体の製品は全部、会長がつくってきたのです。GE（ジェネラル・エレクトリック）社から技術導入して始めて、いろいろな発明をして製品をつくりました。だから、会長は、製品をつくるのがいかに大変かを知っていたのです。発明と製品化というのは、ちょっと違うわけでして、製品化は発明よりもずっと大変なんですね。

僕は三年、三年、四年おきに製品を三つもつくってきたから、会長は、大ボラ吹きだけどモノをつくれるヤツだと評価してくれていたのです。他の人から聞いたのですが、この話を少し自慢気《じまんげ》に話しておられたということです。そのせいだと思いますね、僕がキレて直訴に及んだときに、すんなり認めてくれたのは……。

結局、使ったお金は全部で四億円か五億円です。当時の大手企業は一〇〇億円のオーダーでお金を使っていましたから、それに比べれば微々たるものです。製品化まで含めたら六億円から七億円くらいかなあ。だから僕は非常に効率的に研究をした。ラッキーな面がありましたけど。

先駆者を抜いて世界一へ

研究をしているときのライバルですが、日本では名古屋大学の赤崎勇先生がおられました。この人が日本では唯一、窒化ガリウムの研究に力を入れて取り組んでおられました。だから、とりあえずは、名古屋大学の赤崎先生を抜くことが目標でした。

八九年に研究を始めたとき、赤崎先生が窒化ガリウムでは世界一の結果を出しておられたのです。九一年の中頃、ツーフローMOCVDができて、窒化ガリウムの膜をつくったのですが、それを評価したら、赤崎先生の結果を抜いていたんです。世界一だったんです。それは結晶膜だけの問題ですが、それが本当にうれしかった。それ以降は、ずっと世界一ばかりです。

私の仕事と赤崎先生の仕事の違いを少しお話ししないといけないでしょう。赤崎先生のやられた大きな仕事は、ｐ型の窒化ガリウムをつくられたことです。窒化ガリウムにはいろいろな問題があったんですが、その一つに「ｐ型半導体がつくれない」ということがありました。ｐ型ができなければｐｎ接合ができないから、発光ダイオードやレーザーがつくれないわけです。

私は八九年の四月くらいに窒化ガリウムの研究を始めたのですが、その年の終わり頃に赤崎先生がｐ型窒化ガリウムができたという発表をされました。マグネシウムをアクセプターとして導入して、それを電子線照射したら、ｐ型になったという発見をされたのです。それが最初のｐ型窒化ガリウムの論文だったのです。基礎の基礎を達成されたのです。

そこで、ウチも赤崎先生と同じことをやってみたのですが、できなかったんです、ｐ型がなかなかできなかった。その代わりに、ウチは熱処理をしたらｐ型窒化ガリウムになるという事実を発見し、九二年に発見したのです。熱処理というのは、できた膜を単純に加熱してからゆっくりさますことで、焼きなまし、アニーリングと呼ばれる簡単な方法です。現在では、みなさん、私のやった熱処理を使われています。

ここで一つ問題になるのは、なぜ熱処理でｐ型ができるかという理由づけです。赤崎先生は電子線照射という点を重視しておられたわけですが、結果としてはそうではなくて、私のやったように、熱処理ということが、ｐ型窒化ガリウムができるための本質的に重要な要素だったのです。ｐ型の窒化ガリウムを熱処理によってつくるという方法は特許にしたのですが、現在、赤崎先生の方法は皆さん使っておらず、私の熱処理の方法を使われているということです。

研究というのは皆さんの考え方、評価の仕方というのはさまざまだと思います。赤崎先生は基礎の基礎で成果を上げられ、私が基礎から実際のデバイスまでつくり上げたということでしょうか。でも、そうしたことは、他人が評価されることですから、私は巻き込まれたくないし、関心もあまりありません。

豊田合成の膨大な特許がザルだった理由

熱処理によってｐ型窒化ガリウムをつくる方法は日亜化学の特許でして、いま会社はどこにもそれを使わせないようにしています。だから、この方法を使った製品はつくれないはずなんですね。ただ、ここを無視して製品を出しているところが二、三社あって、それをいま、日亜が訴えているでしょう。その一つが豊田合成で、新聞記事にも出ていたように日亜化学が第一審で勝ったということです。

実は、豊田合成は赤崎先生とずっと一緒に研究開発を進めてきたのです。私が八九年に研究を始めましたが、赤崎先生と豊田合成はその六、七年前から共同で研究を始められているのです。だから、豊田合成の窒化ガリウムに関するたくさんの特許は、ほとんど赤崎先生との共著で、豊田合成が単独で出した特許はほんのわずかです。しかも、すごい数の特許を出している。八九年に私が始めたとき、その特許の数は一〇〇以上あったと思います。

私が研究を始めたとき、そのことを噂で豊田合成と赤崎先生がお知りになったようです。「日亜化学が窒化ガリウムをやりだしたようだけど、我々の特許を逃げて、できると思っているんかいな」と言われたらしいですよ、後になって聞いた話で恐縮ですが……。

ところが、豊田合成と赤崎先生の特許は、すべて、なだれ破壊を使った特許でして、それで製品をつくっていたのです。私がやったのとは原理がまったく違うもので、その領域で膨大な特許をもっていたわけです。つまりｐｎ接合を使ったものじゃなかった。ところが、僕が研究をやって出した特許は、みんなｐｎ接合を使った特許なんです。だから、二〇〇〇年に判決が出たように、日亜化学の全面的な勝利になったのです。そういうことです。豊田合成がやっていたのは、ＭＩＳ型の半導体（金属‐絶縁体‐半導体）です。これ「ミス」って読めるでしょう、だから、あっちはミスをしたって冗談を言ったんです、ハハハ。

当時はＭＩＳ型の半導体が流行していて、おもしろいのは、九三年の一二月に、最初の高輝度青色ＬＥＤの製品化を発表したんですが、その一カ月前に、豊田合成は、ＭＩＳ型半導体による高輝度青色ＬＥＤの新聞発表をしているのです。だから、我々は、たった一カ月後に、豊田合成より二〇倍から三〇倍も明るいｐｎ接合の青色ＬＥＤを出したということです。彼らはずっとＭＩＳ型でやってきて、それでミスを犯したことになったんです、冷たい言い方をすると。

社会主義の国、日本よさらば！

それ以後の、政治的というか、社会的な力関係というか、そうした面でのことは凄いものがあります。豊田合成はあのトヨタ・グループの一翼で、豊田は全社あげて青色ＬＥＤに力を入れていますから、それは「政治」は凄いですよ。トヨタ自動車は、豊田合成のＬＥＤを優先的に採用していますし、それは凄いですよ。もう僕は日亜化学を辞めていますから、そうした闘いというか政治には、もう無縁なんですがね……。政治に関しては、向こうはトヨタがバックですから、これはもう敵わないですよ。こんなことやっていては、結局は日本という社会が損失を蒙ることになると思うんですが、僕はもう、こんな日本はあきらめているんです。だからアメリカに行っちゃったという面があるんです。アメリカはそういうことはないですからね。

日本ではむずかしいですよ、奇妙な政治があるんだから。アメリカから日本の悪いことをケチョンケチョンに言ってやろうと思っているんです。実際、僕が言うのは「日本は社会主義です。あんなところは住める国ではありません。私は民主主義を愛します。だからアメリカに行きます」という半ば冗談、半ば本気の話なんです。

「なぜ中村さんはアメリカの大学に行ったんですか」ってみんなが聞くんです。だから、「私は民主主義を愛し、自由を愛していますから」って答えるんです。すると相手は「えっ、どういうことですか?」って聞き返す。そこで僕は答えるんです。「ええっ、だって日本は社会主義国家でしょう? そう思いませんか?」ってね。するとね、多くの方が「そうですね、日本って社会主義国家ですよね」って納得するんです。これが僕の本音です。

おそらく、いま、日本人の優れた人の多くが、僕と同じ感想をもっていると思いますよ、日本は社会主義国家だ、自由主義じゃない、って。マスコミだっておかしいですよ。僕がインタビューを受けて、日本は社会主義だって言うでしょう、でもそのことを絶対に書いてくれないから。僕に関する記事には、すべて、このような部分が消されているんです。もっとも、書くのは記者さんで、彼らの権限ですがね。こういう日本批判はみんな削除です。僕はこの「日本は社会主義だ！」という主張はぜひ書いてほしいんだけど。

LED信号機は、世界で使われ始めている

いまの日本って、何か、裏で画策しようとする陰湿な圧力みたいなものがあって、それが社会の活力や自由度を抑圧しているように感じます。僕が実感したのは、信号機の件です。

西澤潤一先生の高輝度の赤色ＬＥＤが最初で、僕の青色ＬＥＤによって「光の三原色」がそろったでしょう。それで九四年の春くらいから信号機用のＬＥＤを売り出したのです。そしたら、九五年か九六年か忘れましたし、私自身は見ていないのですが、会社の同僚が、あるテレビ局の人気ニュース番組で、ＬＥＤ信号機の特集をやったのを見たんです。

そこでキャスターが何を言ったかというと、「最近、ＬＥＤ信号機が出ているが、青

緑色LEDは信頼性がなくて使い物にならないでしょう」ですって。こんな不思議な番組が突然、放映されたのです。たぶん、現在の信号機メーカー、あるいは彼らに関係する力が、そういう番組を流すように、おそらく働きかけたんでしょうね。コストもいまの何十倍も高くて、信頼性もまるで悪い、とやられたんです。これ、事実とまったく逆なんです。すばらしい結果が出て、そのときからアメリカやヨーロッパではどんどん使い始めていますからね。

信号機メーカーって、お役人のOBの天下り先ですからね。日本信号、小糸工業といった信号機の主要メーカーって五社くらいあって、独占状態なんです。そこには、通産省とか警察庁の天下りが全部行っているんです。こうした信号機メーカーがなぜ儲かっているかというと、あの道路の信号機って、電球を毎年交換するんです。そのメンテナンス費用は、一基あたり三〜四万円だそうです。各県に何万ってあるでしょう、信号機って。

ということは、自動的に毎年、何十億円というお金が入るわけですね。でも、この信号機をLEDに変えたら、寿命が長くなりますから、実質的にゼロになりますね。つまりLEDに変えたら何十億円がゼロになるわけで、メーカーというか、そのシステムに寄りかかっている人々は、絶対に認めたくないわけですよ。でもね、このお金って、全部税金で支払われているのです。税金って、我々一人一人が出すお金ですよ。国民は、こういうことを知らないいんですよ。もうメチャクチャですよ、日本って。

政治家や官僚が、マスコミに対してだまくらかすのかプレッシャーをかけるのか知らないけれど「あれは使い物にならんぞ」って言うと、マスコミはそれを「はい、はい」ってやるんですよ。だいたい、ＬＥＤ信号機の特集のときだって、当事者であるウチ（日亜化学）にコンタクトさえしてこないで、ああいう番組を流しちゃうんだから。もしウチにきたら、きちんとデータを出してやったのに……。あるいは、ウチは小さいから、きちんと対応できなかったかもしれないけど、少なくとも事実を知ってもらえたら、あんなひどい番組は放映せずにすんで、結果として恥をかくことはなかったと思いますよ。

日本は、役人がからむような悪口について、マスコミはほとんど報道しないですね。だから、僕は日本は共産主義、社会主義だって言うんです。役人の言った通りにやるんだから。役人の批判がなぜかできないんです、日本は。この役人政治を潰さないと日本の未来はないと思いますよ。これが「日本の常識、世界の非常識」の原因になっていくんでしょうね。

つくる装置を自分で改造できたという強み

約二〇年の日亜化学で一番きつかったときというのは、意外かもしれませんが、青色LEDを始めるまでの一〇年間なんです。お金もなかったし、研究、開発、営業と、すべて一人でやったんですから。できた製品も売れませんでしたからね。売れないから会社はケチョンケチョンに言うでしょう。だからしんどかったという印象はとくに強いですね。あれに比べれば、青色LEDはとんとん拍子に行きましたから、楽ではなかったけど、きつかったという印象はあまりありません。

青色LEDでは、ツーフローMOCVDに行き着くところまでがいちばん大変だった。わけのわからない窒化ガリウムが相手ですし、市販の装置を買ったんだけど、まったくうまく行かない。あのときは、これでできるんかな、と思いました。でも、過去一〇年間というのが同じようなパターンでしたからね。そこで装置の改造を始めたんですが、これも過去、自分でみんなやってきたので、装置の改造には自信があったのです。何かやればできる、という自信です。チャンバー（密閉容器）の中のヒーターとかガスを流す部分の改造が主です。

私の性格もあるんですが、毎日改造しないと気が済まない。スピードが一番です。時

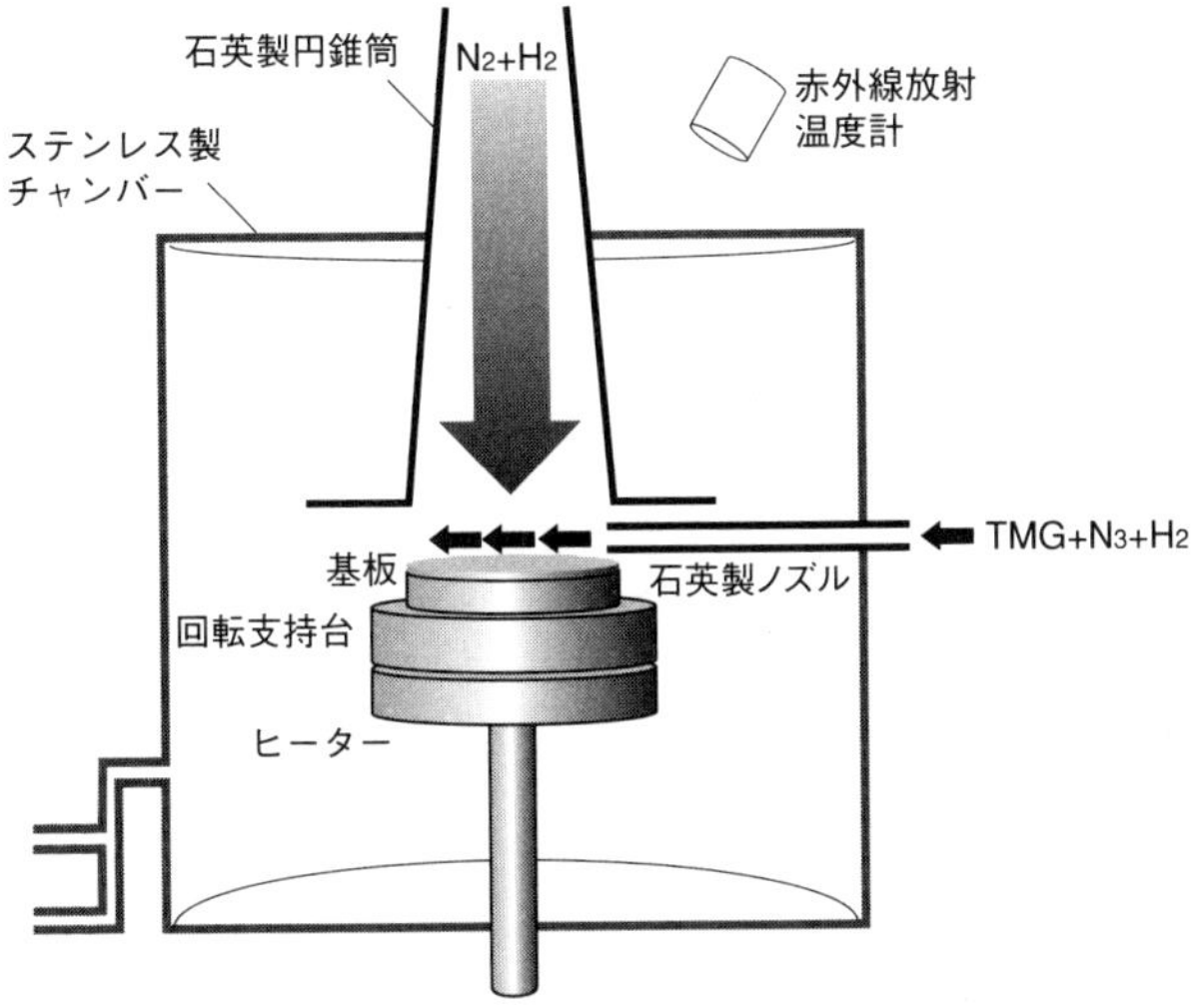

ツーフローMOCVD法　中村博士の考案した画期的な気相結晶成長法。従来のMOCVD法は、基板表面に原料ガスを流して成長させるが、この方法では、原料ガスは水平方向に流され、それと垂直方向に押圧ガスを送り込むようになっている。

間がいちばんもったいないと思う。業者に頼むと、二カ月石英の加工なんて一、二カ月もかかりますから。カーボンの加工も二、三カ月かかる。だから、全部自分でやって、ということになったのです。これは過去一〇年間で培ったスキルです。苦しいときに身に付けたものが役に立った。毎日改造して、反応させてみて、という繰り返しでした。だから一年半でツーフローＭＯＣＶＤができたのです。

機械いじりなんて子供の

頃はまったく縁がありませんでした。始めたのは会社に入ってから。日亜化学ってホントにお金がなかったんですから。入社したとき、開発課には課長がいてその下に二人いたんです。その前年あるいはその前の年かにはレイオフがあったくらいです。だいたい鉛筆一本買うのに課長のサインがいるんですよ、信じられますか。何を買うにもそうなんです。そんなところに入ったので、会社っていうのは、いかにお金を使ってはいけないところか、って思いました。

最初の「ガリウム・リン」をやるとき、原材料は買うしかないですね。でも、装置や測定装置を買うお金なんてゼロなんです。で、どうしたかというと、蛍光体をつくる大きなトンネル炉があるんですが、耐火煉瓦とかヒーターをそこから拾ってきて集めて、自分でつくりました。次の「ガリウム・ヒ素」のときも原料以外は経費はゼロ。測定装置もゼロだったのです。

ではどうやってできたかって聞かれるとちょっと恥ずかしいんですが、結晶をつくってみるでしょう、それを目で見て、できているか、できていないか、でやったんです、ハハハハハハ、極端に言えば。煉瓦を集めて、ヒーターに断熱材を巻いて……。結晶成長のブリッジマン法だって、石英は買ったけど、あとは全部自分でつくったのです。何にもないところから自分ですべてつくらなければならなかったから、最初の一〇年間というのは無茶苦茶に苦労しているのです。

半導体をノコギリで切れ、という笑い話

入社して六年目にガリウム・ヒ素の単結晶をやって、こういうインゴット（かたまり）ができるでしょう。次に切断する装置がいるのです。シリコンの場合にはスライシング・マシンというのがあるでしょう。これを買わなくては次に進めない。この値段が一五〇〇万円くらいだったのです。課長にこれを買うように頼むでしょう。でも課長はこんな大金を使ったことがない。こっちは、インゴットができたんだから切るしかしょうがない。

その稟議書をまわしたら、「おまえ、なに考えとるんじゃ。うちの会社で五〇〇万円以上のものを買ったことはないんじゃ。これで何するんじゃ」って。だから「このインゴットを切るんです」って答えたら、「工場に行けば、鉄板を切る大きなノコギリがあるから、あれで切ればいいじゃないか」って言われちゃった。

当時の日亜は、半導体のハの字も知らない人ばかりでしたから。せっかくできたインゴットをノコギリで切れって言うんですから、もう笑い話を通り越している状況でした。

だから「五〇〇万円や一〇〇〇万円がどこから湧いてくるんだ」って言われちゃう。鉄板を切るノコギリで半導体を切ったら、もともこもなくなっちゃうのは半導体をちょっと知っていればわかること。半導体をやるんなら、いわば最低限必要な設備のようなもんでしょう。

このときも仕方ないから会長のところまで話しに行って、どうしても買ってくれって頼んで買ってもらったんです。入社して六年目で、一〇〇〇万円を使うのが非常に大変なことだったんですよ。だから、最初の一〇年間に使えたお金はほとんどゼロに近いんです。これで赤外のＬＥＤまでつくったんだから、すごいでしょう?

もうただただ職人の世界ですよ。しかも半導体での話です。だから青色ＬＥＤに取り組むときは、最初から数億円を使わせてもらえたのです。それまでは、測定装置だってゼロですから、実際に電気を流して光った、というようなものです。ほんとうに無茶苦茶な世界でした。蛍光体の会社ですから、化学屋さんばかりなんです、日亜は。半導体のことを知っている人間がいない。だから、青色のときは楽だったんです。お金もある程度使えて、測定装置も買えましたから。

おそらく、ほかの研究者の人たちは青色レーザーの研究に苦労されたんでしょうが、私にしてみれば天国のような環境でした、その前の一〇年間に比べれば。会長直轄の開発となったようなものですから。

青色ができたときは「よくやった」と言ってくれましたけど、最初の一〇年間はケチョンケチョンに言われたんです。でも、会社の中で青色ＬＥＤというものがどういう意味をもつものか、本当のところは誰も知らなかったのです。できるまでは。だから不思議な環境といえば不思議なんですね。

アメリカの技術なんて、大したことなかった

青色の研究を始める一年前に、ＭＯＣＶＤの勉強のためにフロリダ大学に研究員として行ったのですが、向こうに行ったら「あなたは博士号をもっていますか」と聞かれました。もちろん「もってません」です。何か論文は出していますか、って聞かれても「何も出していません」です。論文を書かなかったのは、会社が論文を書くことを禁止していましたから。すると、もう研究者とは見てくれないんです。単なるワーカーみたいな扱いです。

まあ、向こうのドクターコースの学生と一緒にＭＯＣＶＤの装置をつくったりするんですが、僕からみればもうアホばっかりなんです。アホなことばかりするんです。でも、

あいつらは僕をワーカー程度にしか見ていないでしょう。ごっつう、アタマにきたんですよ。ホントに。

だから、ってわけでもないんだけど、一年経って会社に帰ってきて、全員集会で話をしたときに、最初に言ったのは「アメリカはアホばっかりしかおらん」という言葉でした、ハハハハハハ。アホばっかりじゃから、おまえらアメリカ行ったら、みんな天才だ、ってね。

経営陣の方針に逆らう

会社は論文発表禁止なんです。すべてマル秘だって言うんです。これまでのこともあったし、アメリカであたまにきたこともあったので、こっそり論文を出すことに決めたんです、窒化ガリウムについては。論文はこっそり、会社経営陣の意向は無視、ということで行こうと決めました。ツーフローMOCVDができて世界一のデータが出てから、論文は年に五編ずつくらい出していきました。

論文を書くということはライバル会社に内容がばれるわけですから、それぞれに五件くらいパテントを出して行きました。公知になってしまうと特許申請ができなくなりますから。

でも、会社はパテントも出してはいけない、という方針だったんです。パテントだってライバルに知られてしまいますからね。ですから、窒化ガリウムの特許も、会社の経営陣には内緒で出したんです。基本的に会社は特許出願禁止ですから。

意外かもしれませんが、ノウハウ出願というやり方があって、特許を書いてから途中で取り下げるという方法があるんです。こうすると、訴えられたときに先にやっていたと主張できる事実ができるんです。それまでは、みんなこのやり方だったのです。でも、私は、論文も特許も公開してやっていきたいと思ったから、こっそりやり始めました。

経営陣には内緒でも、もちろん日亜化学の名前で特許を出すことになるわけですから、特許部の部長に「特許を出してくれ」と頼んだのです。すると「そもそも窒化ガリウムは何だ」って聞かれたから、「これは将来は青色ＬＥＤになるんだ」と答えるでしょう、すると「こんなわけのわからんパテントをわしがなんで出さんといけないんじゃ。一件あたりなんぼかかるか、三〇万円くらい費用かかるんだ」と言われちゃった。

年間で論文五件でしたから、青色が光っていない段階で年間三〇件くらいの特許を出していたのです。「おまえ、会社つぶすから、もう特許を出さんでええ」です。実は、最初の特許を数件出したところで、その部長はアタマに来たんです。出すな、って。こんな、わけのわからん特許はお金の無駄使いだ、って。

そう言われたって、こっちは論文を出すから、特許は出さなきゃならない。そんなときに特許部に新入社員が来たのです。その若い男をつかまえて、そいつに頼んで、「ワシが書いたパテントは全部コピーしてそのまま出せ！」と半ば命令、強制したのです。そしたら「そんな。そんなことをしたら私、クビになります」と言うから、「いい。ワシが全責任をもつから！」と言ってね、それで、日亜化学の膨大で強力な特許財産ができたのです。

これだけでなく、経営陣の意向なんて全部無視ですよ、全部自分の思う通りやってきたのです。私は会社を辞めてしまいましたが、結局は、それが現在の日亜化学を支えているのです。でも、その見返りはゼロなんですよ。

社長命令を破り捨てる

論文は九一年の終わり頃、研究を始めてから二年目くらいから出し始めました。でも会社の人間は論文誌なんて見ないから誰も知らない。そして九二年にホモジャンクションＬＥＤ（ｐ型とｎ型の窒化ガリウムを接合した初期段階のＬＥＤ）の論文を発表しました。

そしたら、九三年の初めくらいだったかな、関西の大手半導体メーカーの人が、日亜化学の大阪支所に電話してきた。「日亜さん、何かすごい青色ＬＥＤができていますけど、どうなんですか」って。そこで、電話に出た営業マンが実は昔、僕と一緒にガリウム・ヒ素を売りに行った人だったんですが、本人は、日亜で青色ＬＥＤなんか誰もやっていないと信じている。そして僕に何気なく電話してるいう話をしてきたんです。「中村、いま大手半導体メーカーが日亜で青色ＬＥＤやってるいう話をしてきたんだけど、おまえ、誰かやってるか知らんか？」って言うんです。そこで「そんな、知ってるわけないですよ。誰がＬＥＤやってるんですか？」ってしらを切っちゃった、ハハハ。「日亜でなんか誰もやってないでしょう」って答えたんです。「それはそうだな、日亜でやるわけないよな」って本人は納得しちゃった。

それから一週間後、また別の関西の大手半導体メーカーから電話があった。同じような内容だったんですが、今度の人はちゃんと論文のコピーをもっていた。そりゃあ、もうダメ。私の名前がちゃんと書いてあるんだから。これでバレちゃった。そしたら、次の日に、僕の机の上に、「社長命令。会社の許可なく論文発表、学会発表は全部禁止！」と書いた紙が置いてあるんです。僕はその場でビリビリっと破いて捨ててしまいました。

それ以後も会社の命令は全部ずっと無視してきたのです。無視しなかったら、できなかったのです。

過去一〇年間は、会社の上司から言われたことはハイハイと聞いてきました。窒化ガリウムの場合も何回もトップから命令が来たのです。二代目の社長なんですが。あれは九一年くらいだと思いますが、ウチに大手半導体メーカーの偉い人が訪問されて、その人は社長が気に入った人でね。私の研究室に来られたから、MOCVDを見せたんです。「中村さん、何をやられているんですか?」って聞くけど、秘密にしていることがあったから「いや、ちょっと」とお茶を濁しておいた。

そしたら、MOCVDだったら、いまはHEMT(高電子移動度トランジスタ。現在の携帯電話などに使われている素子)をやったら儲かりますよ、と言うんです。「HEMTは今後伸びるから、ガリウム・ヒ素でHEMTをやったらいい」って言うんです。そのことを社長に言ったんです。そしたら社長は、「窒化ガリウムなんて、わけのわからんことは即刻やめろ。直ちにHEMTをやれ!」です。このときは、まだツーフローMOCVDができていなくて、その直前ですよ。

でも過去の一〇年だったらハイハイでしたが、もう僕はキレていましたからね。命令書なんか破いちゃった。そしたら一カ月くらい、毎日、毎日来るんです。でもそれを毎日破いていた。言うこと聞かないならクビだと言わんばかりにね。開発部長だっていろいろ言ってきたけどみんな無視、です。これが一回目。

それから二回目は、ホモ接合の暗いＬＥＤができたとき。このときは「それをすぐに製品化しろ！」と言ってきたのです、二代目社長が。このときも一カ月間くらい社長命令でね。こっちは、ダブルヘテロの究極のＬＥＤをつくるまで製品化するつもりはなかったので、全部無視した。いまから思えば、全部無視したからよかったのです。やっぱり思った通りやらなければダメですね。

会社への忠誠心ゆえの悩み

無視するから上司との人間関係は悪くなるでしょう。当たり前のことに。その頃からですよ、まわりの人も「中村さん、会社を辞めるんでしょう。これだけ喧嘩をしたんじゃあ、会社に居られないでしょう」って言われ始めたのは、ハハハ。それでも、こっちには会社に対する堅い忠誠心があるんです。それが問題なんですよ、僕は会社のことばかり考えているから。経営者のことなんか考えなかったけど、同僚とかを見ればね、会社のことを考えざるをえないじゃないですか、会社の将来ですよ。自分に対して言うんだけど、そこが日本人のどうしようもないところですよ、嫌なところです、会社に対する忠誠心ですね。

ただ、俺が次の時代の日亜を支えてやる、というような気概なんてありませんでした。むしろ、九一年のツーフローMOCVDによって世界のトップに躍り出たわけだから、そのトップを維持したい、というものです。力をゆるめればすぐに抜かれると思っていたんです。これも過去の一〇年間に身にしみたことがバックにあって、短時間のうちにどんどん進めていかないと抜かれてしまう、という焦りがありました。

そういう状況認識のもとで、パテントも次々に書いていったのです。それだけしかありませんでした。その頃は一年三六五日、毎日休みなく働いていました。でも、夜はちゃんと寝ていましたよ。家では何も言いませんでした。僕がやっていることなんて知らないから。

一人でやっていた、ということが、こうしたワガママを通せた一因でしょう。道連れがいたら、たぶん無理だった。それから、これだけ会社命令を無視しても、会社に居ることができたということです。他の会社であればクビになっていたでしょうね。

日本的組織が技術力を失わせる？

八九年に研究を始めたとき、開発部に課長がいたんです。彼は、僕がガリウム・ヒ素のバルク結晶をやっているときに入社してきた男です。ただ、彼の方が年が僕より一つ上なのです。ガリウム・リンの研究が終わり、ガリウム・ヒ素に取り組んでいて、ガリウム・リンの製品化も並行して進めていて、とても一人では進められないから一人ほしいといって採用してくれたのが、その彼なんです。

そいつに一生懸命いろいろ教えてやって、それから二、三年したら、彼のほうが僕より年上だから、僕の上司になっちゃったのです、課長です。これはまさしく日本の会社です。僕が教えて教えて育てた男が、突然ある日、僕の上司になるわけです。

それはちょうど青色LEDに取り組むときだったのですが、その彼が「青色をやるなら炭化ケイ素、SiCだ」って言う。当時、三洋電機が炭化ケイ素で青色を製品化、なんて記事が垂れ流されていたでしょう。だから「今後は絶対SiCが伸びる」って言うんです。「窒化ガリウムなんてできるわけがない。ワシはいやじゃ」って。だから言ってやった。「ああ、そうかい。ワシは知らんわい。ワシはもう会長の許可をもろうとんのじゃ、好き放題にするわい」って。

こんなことが通る会社だったんです、日亜というのは。他の会社は通らないでしょう、こんなこと、ハハハ。会長の許可をもらっているんだから、ワシは知らん、が通った。会長は高齢でしたから、窒化ガリウムが何なのか、ご存知なかったんですよ。でも、僕にやってみろ、という許可を与えてくれたのです。一〇年間の実績が会長を動かしたわけで、それがなかったら、許可は下りなかったのは当然です。会長は薬学部出身の方で、典型的な技術者だった人です。小川信男という人。

日亜化学というのは蛍光体の会社なのですが、東京・荻窪に根本特殊化学という技術オリエンテッドの蛍光体の会社があって、そこで「蓄光《ちっこう》材料」というまったく新しい物質を発明・製品化しました。これは光を吸収して長い時間発光するという、ユニークで創造的な仕事です。日亜の会長は、それまでずっと日亜の技術を開発し支えてきた人ですが、根本特殊化学の発明は、日亜の研究開発陣にとっては非常なショックで、「日亜に新しい技術力はない」という危機感、現状の再認識を迫ったんですね。

いま、日亜は、根本特殊化学のものと非常によく似た「限りなく灰色に近い物質」を製品化し、青色の窒化ガリウムとちょうど反対に、根本から訴訟を起こされているんです。根本と日亜は、会社の仕組みというかがよく似ていて、ともに先代の創業者が立派な技術者で、二代目が女婿という会社です。規模などは違いますが、向こうは「蓄光」を発明し、こっちは「青色LED」という新たな製品を世に送り出したわけです。

棚上げされて日亜を去る決心。退職金はゼロだった

九九年にレーザーを製品化しました。それに呼応するかのように、会社は「窒化物半導体研究所」という組織をつくりました。そして僕を所長にすると言うのです。で、してくれたのはいいんですが、部下はゼロなんです。肩書きはすごいけど、部下はゼロ。これができるちょっと前には、レーザーの部隊が二〇～三〇人くらい僕の部下としていたのですが、その中の人間がみんな「中村さん、もうすぐ会社を追い出されるネ」って知っているんです。

というのは、僕のやり方は会社の意向を無視することでしょう、社長命令が来たって破いて捨てちゃうわけで。それで成功へと導いてきた。しかも、青色ＬＥＤが成功したあとも、研究のやり方とかを二代目社長がなんのかんのと口出ししてくる。でも、そういうのはよくなくて、社長というのは経営に専念すべきであって、研究や開発は、そこをわかっている人間が責任をもってやるのがベストなんです。だから僕は無視した。これを裏返せば、製品ができてしまえば、社長は僕を追い出したいのは目に見えているわけですね。追い出すには、何か組織をつくって、そこに送ればいい。

青色ＬＥＤのときもね、青と緑ができたあとは、「次はレーザーだ」ということで、ＬＥＤに関しては完全に追い出されちゃった。「もういらない」です。そして、レーザの製品化がほぼ完成したら、「次は窒化物半導体じゃ、あそこに行け」ですよ。でも、今度は、レーザーができてしまったから、やることないんですよ。いくら大仰な窒化物半導体研究所って言ったたって。

だから「中村さん、こんどは何をやるんですか？」って聞かれても、「さあ、ワシもわからんのじゃ」って答えるしかなかったんです。もう名前だけ。だから、そろそろ会社を辞めるときかな、って思ったのです。

典型的な日本の企業なんでしょうかね。ショックだったのは、会社からの見返りは何もない、ということですね。僕の退職金はゼロなんです。だって、辞めるときに、「三年間、窒化ガリウムの研究をしてはダメ。三年間、窒化ガリウム関係の特許を書いてもダメ」というサインをしろ、というんです。でも、カリフォルニア大学サンタバーバラ校でも、少し窒化ガリウムの研究をしようと思っていましたから、これにサインすると大学での研究や教育に差し支えてしまうでしょう。だからサインすることができなかった。

それで退職金はゼロになったんです。かみさんは幼稚園の先生をしていましたが、アメリカに来るんで退職金をもらいました。そのかみさんに笑われたんです。「あんた、これだけ仕事して、退職金も出ないなんて。しかも給料は私とほとんど変わらない。あんた、これだけで、よういままでおったなあ。こんなひどい会社、知らんわ」って、ハハハハハ。最後の退職金まで入れたら、僕のほうが給料は低かったんじゃないかな。

　これが日本の企業研究者の姿ですよ。たぶん、ほかの会社も似たり寄ったりだと思いますね。ＮＥＣとかの人に聞いたんですが、どんなにすごい発明をしたって、特別ボーナスをくれる例は少なく、一〇〇万円もらえるなんてことはまずないんだそうです。だから日本は「社会主義」なんです。アメリカは違いますよ。

頭にはｐｎ接合のＬＥＤしかなかった

　ラッキーだった、というのが偽らざる心境なのです。赤崎勇先生は私が始める一〇年も前から研究をされていて、ずっと世界のトップにおられた。パテントもいっぱい出された。ところが私が新規参入したんですが、それまでのパテントが全部、私のやることとは違うところにしか出ていなかった。赤崎先生と豊田合成の特許にはまったく引っかからないのです。というより、逆に、向こうの仕事を縛るような形で特許を出願することができたのですから、ラッキーといえばラッキー。本当に不思議なことでした。

赤崎先生たちが追いかけられたのはＭＩＳ型の半導体。せっかくｐ型の半導体を八九年につくられたのに、なぜｐｎ接合の窒化ガリウムをつくらなかったのか。これは僕の想像ですが、もしかしたら、先生たちはせっかくｐ型をつくったのに、本当のところは、ｐｎ接合の半導体ができることを信じておられなかったんじゃないか、ということです。

でも僕は、それまでの一〇年間があるから、つまりｐｎ接合型のＬＥＤしかつくってこなかったから、ｐｎ接合型以外のＬＥＤなんて考えもしなかったんです。八九年に研究を始めてから、ｐｎ接合のＬＥＤ一本だけだったのです。できてもできなくっても、ｐｎ接合だけに賭けていた。だから私たちの特許は、半導体構造に関してはすべてｐｎ接合、ＭＩＳ型は一つもありません。でも赤崎先生方はＭＩＳ型ばかりなのです。たぶん試作されたのかもしれませんが、できなかった。それは、信念の違いかもしれません。

確かに、あの時代にＭＩＳ型素子というのは、トランジスタなどで大きな期待を集めていたのかもしれません。時代を動かす雰囲気をもっていたのかもしれません。でも、ＬＥＤといえばｐｎ接合であって、ＭＩＳ型のＬＥＤなんて、本来はＬＥＤとは呼ばないんです。先生たちはそう呼んでいるけど。信念の違いが出てきたのは、こっちは「世界一のものをつくらないと、売れない」と体で感じていたことです。なにしろ日亜化学という小さなメーカーで、過去一〇年間、悲哀をいやというほど味わされてきましたから。

究極のダブルヘテロ構造のＬＥＤ、この最終目標だけが追い求めるものだったのです。やけくそでしたがね。もしかしたら、向こうは大きな会社との共同研究ですから、冒険より安全策、という流れがあったのかもしれません。それが結局は私のほうに幸運を呼び込んでくれたのです。

特許係争に負けて豊田合成がつぶれる？

いま特許係争をしています。裁判所での豊田合成の言い分は、ＭＩＳ型ＬＥＤを発表して一カ月後に日亜がｐｎ接合のＬＥＤを発表したけれど、豊田合成もその前からｐｎ接合のＬＥＤを研究していた、ということです。でもね、いくらそう主張しても、ｐｎ接合に関する特許が一つも出てないじゃないですか。当然というか苦し紛れというか、反論は、パテントは出さなかっただけだと言うわけです。だから「日亜の特許は意味がない」って言うんですね。そういうポリティックスです、向こうは。

でも証拠がないんですね、ノートにでも書いておけば別でしょうが。研究ノートがあればね。本当にやっていたなら、ないわけないんですけどね。でも相手は巨大なパワーをもっていますからね……。ご承知のように、二〇〇〇年末に第一審の判決が出て、豊田合成の全面敗訴です。だから、向こうはいま、ポリティックスの世界で猛烈に動いています。あれが決着すると製造停止になりますからね。それから、損害賠償額は数百億円になるでしょうから、ヘタをしたら会社がつぶれます。裏の政治的動きは、それはすごいと思いますよ。

知的所有権は大事にしろ、と言うようになったけど、過去にはいろいろひどい出来事があったようですね。でも青色ＬＥＤに関しては、ほかのメーカーさんは、きちんとルールを守っています。スタンレー電機など研究段階ではすでにできたメーカーさんも、製品は出していません。パテントの問題があるから。製品として公然と出しているのは豊田合成だけです。これはまあ、因縁の対決ですよ、あとからやったところが、先にやっていたところを追い抜いたんですから、ハハハ。

アメリカの大学へ

大学のほうは、二〇〇一年の一月から講義が始まります。でも研究室はまだありません。二〇〇一年の夏頃を目処に研究室も立ち上げようと思っています。それまでは何もできません。いま何をやるか、考えているんですが、それより何より、講義が大変なんです。初めてですから。どんな先生も最初は大変のようです。一時間半の講義の準備に一二時間費やすと言われました。その授業が週に二回あるんです。これは大変です。わからせるように授業をしないといけない。

日本の学生は寝ているし、休講にするともっと喜ぶから、授業は楽かもしれないけど……。アメリカは理由なく休講にしたら訴えられかねません。わからなかったらわからなかったで、これまた訴えられる。生徒側が先生の評点をつけますから。すると学長クラスが怒られる。

講義は、材料科学で、結晶成長などを教えていきたいと思います。ただ、私はメーカーにずっといたから、ものづくりは得意なんですが、授業というのは理論を教えなくてはいけない。だから、授業というのは理論家には簡単かもしれないけれど、ものづくり屋にはしんどい仕事になると思います。学生が納得してくれるとありがたいんですが。

大学としても花形の研究者のスカウトは大事な仕事ですね、アメリカは。研究費が入ってくるから。実は、いろいろな企業からたくさんの寄付金の申し出がすでにあったたんです。でも、企業との共同研究ということになると、秘密保持だの何だのと制限がついてくるでしょう、だから、企業からはお金をいただくことは一切やめたのです。条件なしの純粋な寄付なら受け付けるけど、共同研究などのひも付きは一切しない、契約書を交わすような寄付はしないことにしたんです。そうしないと、がんじがらめになっちゃうから。

こうしたことも、ディーン（学部長）のアドバイスなんです。申し出がいっぱい来たんですが、「おまえ、こんなにやったら死ぬぞ！」って言われちゃった、ハハハ。そこで、こうした原則をつくったら、申し出はそんなに来なくなったのです。順調に動き出すまでには五年くらいかかるかなあ。気長にやりますよ。

サンタバーバラという場所は、ロサンゼルスの北へ車で二時間ほどのところにあります。海岸沿いにあるんです。いま住んでいる家は広いですよ、敷地が二〇〇〇坪くらい。大学が低金利のローンを提供してくれましたから購入しました。ただ山の斜面の土地なんです。森なんです。そこに小さな家があるんです。スカンク、アライグマなど、いろんな動物が顔を見せます。ワシ、フクロウもいます。サンタバーバラ校には日本人の学生も二〇〇人くらいいると言っていました。学生、大学院生、企業からの人などさまざまなようです。私の学生にも一人日本人がいますし、となりの教授が二人、企業からの日本人を雇っています。

肩書きでなく、力で評価する風土を

アメリカは自由が財産です。企業をもってもいいし、コンサルタントをやってもいい。日本の大学の先生は、企業の役員をやってもいいようになったそうですが、それでも束縛は大きいでしょう。それに比べればアメリカは自由です。日亜を辞めたんですが、日本の大学からのプロポーザルは皆無でした。学会なんかで「日亜なんかやめてウチに来ませんか」というような冗談さえ一つもなかった。

それは、日本って、学歴と会社の名前を見るじゃないですか。僕の場合は、徳島大学出身で、会社は日亜化学工業でしょう。これがもしソニーだったら、誘いがあったかもしれませんね。そう思いませんか。日本は肩書きがいるじゃないですか、でもアメリカはそんなもの一切必要ない。日本は口でどう言っても、そうした悪しき体質はずっと変わっていませんよ。

でも僕はいまカリフォルニア大学の教授でしょう、こうなると日本の大学から「来ませんか?」というのはあってもも不思議でなくなるんですよ。肩書きがついたから。徳島大学で日亜化学だったら、きっとどんな大学でも二の足を踏みますよ。なんで、そんな変なところの出身者を呼ぶんだ、って別の専門の先生が必ず文句を言うと思いますよ。

アメリカっていうのは、知れば知るほど、肩書きなんか気にしない社会であることがわかるんです。できるかどうかですし、学長だって、日本の大学の近寄りがたい偉い学長ではない。そこらにいる教授と何ら変わりないんです。それから、収入も、学長がいちばんたくさんもらっているわけじゃなくて、普通の教授のほうが何倍ももらっているケースがある。入るときの交渉で決まりますから。だから、学長を日本のように偉いと思っている人はどこにもいないのです。

会社もそうです。日本なら社長がいちばん偉くて、順番に並んでいるじゃないですか。でもアメリカはそんなことはない。給料だって、社長がいちばん多くもらっているとは限らないんです。ストックオプションのような株でもらっている場合もありますから。だから肩書きが意味をもっていないんですね。だから向こうの人は名刺の交換なんかしないんですね。

日本でも企業はどんどん変わりつつあるようで、とくに小さなベンチャー企業では実力勝負の組織になりつつあるようですが、日本の大学は変わっていないですね。たぶんいちばん保守的なのが日本の大学で、共産主義、社会主義がはびこり、何十年もまったく変わっていません。それと、官僚も、政治も、大企業も、相変わらず社会主義、平等主義の五〇年前のまま。だから日本の企業だって、日本の大学にまったく期待していないでしょう。アメリカやヨーロッパの大学には期待しているけど。それが現実でしょう。お金の出し方が違う。必要なのは大学から学生を供給してもらうことだけです。

第三章　赤の発見、青の発見

西澤潤一×中村修二

発見なくして大発明なし

発明と発見――ウソを見破る力とは

西澤――「発明」というのはある意味で演繹的な側面をもっていると思います。つまり、原理がわかっているものを組み合わせて、何らかの実用的な製品をつくることと思われています。一方、「発見」というのは、まったく未知である現象なり概念なりを調べて、その実体を見つけ出すこと、あるいは他の人が誤認している現象を正しく把握することと考えられます。だから、どちらかというと「発見」のほうが基礎的なものであって、学問の原点といえるものです。そうした違いが「発明」と「発見」にはあると思います。

中村――「実用性＝発明、基礎的＝発見」という図式は、考えなしに認められているような感じがしますね。しかし、工学といわれる分野の「発明」には、「発見」が密接に関わっている部分がありますね。

西澤――そうですね。ただ未知の領域のところで新しいことを見つけるのが「発見」ですが、「発明」というと既知のことをつなぎ合わせるという面も入ってしまうのです。だから、「発明」と「発見」の学問的な違いは、このように捉えたほうがわかりやすいのです。

中村――それでは、高輝度発光ダイオードはどうなるのでしょうか。発明なのか発見なのか。

西澤――そのあたりは順に話していきたいと思います。まず私がトランジスタの研究を進めていたときの話です。材料はゲルマニウムなのですが、そもそもその材料がないのに研究をやれ、と渡辺寧《やすし》先生は私に言ったのですから、これはもうむちゃくちゃな話ですね。でもそんな乱暴な話に素直に「はい、やります」と答えてしまったほうもアホなんですが……。

そんな時代に、アメリカの論文雑誌にウソが書いてあったのです。それは物理学会の報告のアブストラクト（要約）だったのですが、それを見ていたら、トランジスタがつくれるのは何もゲルマニウムばかりじゃない、シリコンでも黄鉄鉱でも方鉛鉱でもできる、と書いてあったのです。そこで藁《わら》をもつかむ思いでそれに飛びついたのです。たまたま高等学校（旧制第二高等学校）の寮の同室にいた先輩が、鉱物マニアだったのです。のちに鉱物学者になった砂川一郎先生です。彼が膨大な黄鉄鉱の標本をもっていることを知っていましたので、「しめた！」と思って彼のところにそれをもらいに出かけたのです。当時、砂川さんは川崎市の溝ノ口にあった地質調査所にいました。

こうして黄鉄鉱を手に入れて少し実験をしてみたのですが、そもそも当時、伝導機構がわかっていなかったのです。どういうふうにして電気が流れるのか、ということがわかっていなかった。現在から言えばそれは「不純物のレベル」が関与しているわけですが、実験を進めているうちに、これはどうやら、黄鉄鉱の鉄と硫黄の比率で電気伝導の特性が決まってくるのではないか、ということに気がついた。黄鉄鉱というのは鉄一個と硫黄二個の組成をもった鉱物ですが、この比率が実際にはいろいろなバリエーションをとっているのです。

中村――いまの言葉で言うと、化合物半導体の化学量論（ストイキオメトリー）に気がつかれた、ということですね。

西澤――ただ、その組成分析ができる研究環境などありませんでした。そこで、この黄鉄鉱に関する他人の論文をたくさん集めてきて、それらを整理してまとめてみたのです。すると、電気伝導と化学組成の関係が、見事に一直線に並んだのです。この成果は岩波書店発行の『科学』に投稿して掲載されました。私たちの活版刷り第一号の論文となりました。ただ、この論文については、まるでその後の「長い長い迫害」を象徴するかのように、そうとうこっぴどく批判をされましたが……。これ、発見ですよね。

それはともかく、この黄鉄鉱の経験、つまり黄鉄鉱の電気伝導が鉄と硫黄の組成比で決まってくるという成果は、その後の研究に重要なヒントを与えてくれたのです。

さて、化合物半導体の研究を始めたとき、黄鉄鉱の研究以来の、このストイキオメトリーつまり化学量論の問題が私の頭の中にあったわけです。だから、いきなり熱処理実験を始めたのです。ガリウム・ヒ素結晶を買ってきて、それをヒ素の蒸気圧の中で熱処理してやるのです。そうすると、特性が非常にきれいに変わって、向上したのです。

この成果の論文は『アプライド・フィジックス・レターズ』に投稿しましたが、不思議なくらいにスムーズにすぐに掲載されました。これは推測ですが、おそらく似たような研究をアメリカでもやっていて、ある程度の様子を知っているレフェリー（査読者）がいたからではないかと思います。ま、似た研究をしているとすぐに載せてくれる査読者と、逆に競争心から載せてくれない査読者の二通りの研究者がいるのですがね……。

この場合の査読者は性格の立派なモル博士（当時スタンフォード大学教授）ではなかったか、と思っています。

その頃、『フィジカルレビュー』誌に十数ページにわたる大論文が掲載されたことがあるのです。中村さんはご存知ですか？

中村――いやあ、それほど古いのは存じ上げませんが……。

西澤――ガリウム・ヒ素、あるいはアルミニウムを入れたガリウム・アルミニウム・ヒ素でもよいのですが、いわゆるIII―V族の化合物半導体に関する論文なんです。この化合物半導体を切り出しまして、上にレーダーサイトみたいに半球状のふくらみをつくるのです。あとからくっつけるのではなく、半球状のふくらみができるように切り出します。そうすると、接合面から出た光が垂直に近い角度で表面から出てくるようになるのです。つまり、内部で生まれた光が留まらずに外に出やすくなるのです。形からするとレンズのような感じですが、そうではありません。要するに、内部の光を外によく出るようにしようという工夫なのです。

ポイントは、こういうふうに光がよく出るようにしたときでも、理論計算をすると、あまり強い光は出ないことになる、というのです。わかりやすく言えば、太陽光線のもとでは観察できないか程度の明るさしか得られないと書いてありました。

この論文を読んで、私は「これはおかしいな」と思ったのです。なぜおかしいと思ったかというと、ノン・ストイキオメトリー（非化学量論）の材料を使ってやっていたわけで、「これが効果を発揮しないはずがない」と私は確信していたからです。もう少し砕いて言うと、ガリウム・ヒ素であれば、化学式で表せばガリウムが一、ヒ素が一の組成比ですが、すでに述べたように、実際には、ガリウムが一、ヒ素が〇・九とかいうような組成の結晶が現実なわけです。つまり現実の材料はノン・ストイキオメトリーになっているのです。ちょっと激しすぎますがね。

中村——それは西澤先生だから気付かれたことで、ほかの研究者は誰もそうは思わなかったということですよね。

西澤——この論文では、そうした要素はまったく考慮しないで、発光ダイオードの光出力の理論予想をしている。だから私はおかしいと思ったわけです。そこで次にやったのは、ノン・ストイキオメトリーと発光効率の関係を調べたのです。そうすると、明らかに違うのです。組成比が違うと発光効率が明らかに違ってくるのですよ。こういうことを考慮しない理論計算ですから、要するにデタラメな論文だったというわけですね。

ま、当時の私の研究室というのは本当に惨めな小さなものでしたが、そこでちょこちょこやっているうちに、ピカッと光ったことがあるのです。それはほんのわずかなケースでしたが、「これはいけるぞ！」という確信をもたせてくれるのには十分な出来事でした。

中村――それは「発見」だったわけですね。

西澤――そうですね。ただこの場合は、何の考えなしにやっていたわけではなく、いろいろ考えながらやっていたわけですけれどもね。この発見以降、少し組織的に研究を進めてみよう、ということになったのです。

ちょっと脱線しますが、最近、考古学の発掘において、石器発見にかかわる捏造《ねつぞう》事件が起こりました。あの話題というのは、もともとは、昭和初期に東大から東北大学に来られた先生がいまして、その先生はろくに調べもしないで「東北地方に石器時代はなかった、その時代、東北地方に人間は住んでいなかった」と宣言してしまったことから始まるのです。しかし、そのあとすぐにやはり東大から東北大に来られた先生がいまして、その方は卒業論文で学士院賞を受賞されたような大変な人でした。いわば天才児ですね。その人が調べてみると、東北地方にも石器時代はあったのです。

こうなると、ご想像通りでして、教室内で先輩後輩の熾烈な闘いがくりひろげられたのですね。例えば、間違ったほうの先輩は、後輩である発見者を図書室に入れないようにする、といった仕打ちをしたのです。そして最後は、精神科の先生を動員して後輩の様子を研究室の鍵穴からのぞかせ、「精神異常」という診断書を書かせ、即日休職ということにしてしまった。こうなると二年後には自動的にクビです。これは戦争の始まる時代のことです。その研究者は考古学以外は何の能力もない人ですから、奥様は大変な苦労をされました。担ぎ屋などをやって戦争中・戦後にかけて三人の子供を育てたのです。

この方をなぜ存じ上げているかというと、私のすぐ近くに住んでおられたからです。私の親父（西澤恭助・東北大学応用化学科教授）が正義派なものですから、そういう余計なことを息子の私に話すのです。だから知っているわけですが、奥さんが闇米をかついで売りに来られたことがありまして、親父は「少しでもいいから高く買ってあげろ」と言っていたことを覚えています。

今回のテーマというのは、おそらく多くの人は東北に石器時代があるのは当然のこと、周知のこととお考えでしょうが、たった五〇年前はそうではなかったのです。しかも、その発見者は学界で認められず大変な苦労をされたという歴史的事実をご存知ないと思います。

長い間、東北地方の石器時代というのは無視されてきたのです。そのあと芹沢長介先生が東北大学に来られて旧石器時代があったという研究成果を上げられました。

今回の事件は残念なことですが、考古学の分野でも過去の「常識」がひっくり返ったことはあったわけで、「自然を正しく見る」ということがいかに困難なことであるかを、改めて考えさせられたように思います。この「自然を正しく見る」ということは本当に大切なことで、ここから新しい「発見」が生まれるわけですから、まさに学問の基礎であると思いますね。

問題はむしろ、実用性があることを日本ではなぜ軽蔑するのか、という面にあると思います。

なぜナカムラが勝ったのか？

中村――私も実は、昔、ガリウム・ヒ素の研究をしておりました。方法としては液体成長ですが、いま西澤先生のお話になったノン・ストイキオメトリーの問題もかなりやってみました。いろいろ勉強もしました。ただ、青色発光ダイオードの場合は気相成長だったこともあって、それらがどういう関係があるかを考えても、ダイレクトにつながるような筋は見えないような気がします。

つまり、西澤先生の赤色の場合は、ノン・ストイキオメトリーの問題が大きな障害というか、研究者が気付かなかった重要なテーマだったのですが、私の青色の場合は、超えるべき障害は、材料の組成ではなかったと思います。

西澤――そうでしょうね。結晶を成長させるという化学的条件を考えてみると、中村さんの場合は、初めからいわば自然なかたちでうまくいったのか、あるいは少し苦労されて解決されたかわかりませんが、いずれにせよ、この条件をうまくクリアされているのだと思います。

つまり、化学条件によっては、ノン・ストイキオメトリーの問題が深刻なかたちで現れる場合と、そうでなく簡単にうまくいく条件というものがあるわけですね。これは日常生活だって普通にあることでしょう。正面から山に登っていったら垂直の岸壁が立ちはだかっているのに、裏から登れば緩やかな道だった、ということはあるわけです。おそらく中村さんの場合は、ノン・ストイキオメトリーの問題が生じないで、すっと登れるようなかたちでこの問題はクリアされているのだと思いますね。

中村――たぶんそうだと思いますね。私の青の場合は、結晶成長のやり方がＭＯＣＶＤで、気相成長法です。ですから、非熱平衡状態から始まっていますので、ノン・ストイキオメトリーの問題はあまり考えなくてすむ、という面があると思います。

西澤――ひとりでに問題を超えてしまっているわけですね。

中村——昔は、液相成長法をやっていましたので、そのときは熱平衡状態とかノン・ストイキオメトリーの問題は大きなテーマでした。

西澤——これはあまり知られていないのですが、何年頃だったかな、私のところでも、セレン化亜鉛で青色の発光を出して国際会議（IEEE国際電子デバイス会議）で発表しているんです。光らせて見せているんです。

中村——そうなんですか。

西澤——ただそのときにどうしても超えられなかった問題が、オーミック接触だったのです。要するに良好な電極をつくることができなかったのです。発光を見せているうちに、ワーッと抵抗が増えてきてしまって、光が消えてしまうのです。

中村——セレン化亜鉛の場合はオーミック電極をつくるのはむずかしいですね。

西澤——このテーマはその後、安定化の問題を追求し続けたのですが、研究室の根気がなかなか続かなかった。成果が出ないまま本気に取り組まなかったために、中村さんの成果が出て文字通り青ざめちゃったという次第ですね。ハハハ……。だいたいいつものパターンですね。

中村——セレン化亜鉛は温度を上げてアニールができませんものね。分解しちゃうから。さわるだけで変質してしまう結晶ですから。それだけコンタクト（オーミック接触）をつくるのはむずかしいと思いますね。

西澤――中村さんの窒化ガリウムの場合も、これできちんと青色が発光するという保証はなかったわけですね。

中村――ええ、なかったですね。私の場合は、なかばやけくそ的に取り組んだわけでして……。それだけですから、ハハハ。ま、何も考えないで始めたというのが真相です。

青色（ブルー）の研究をやる一〇年ほど前ですが、ガリウム・ヒ素とかガリウム・アルミニウム・ヒ素の研究をやって実際に製品もつくったのですが、あまりというかほとんど売れなかったのです。そこでもう、やけくそで「青の研究をやる」と言い出し、そこで「誰もやっていない窒化ガリウムをやるんだ」とやけくそに始めた。ただそれだけなんですよ。理論的にできるかどうかとか、将来どういう見通しであるかなんて、一切考えませんでしたね。考えていたら、たぶんやらなかったでしょうね。ワハハハ……。

西澤――ハハハッ。ま、中村さん以外は、窒化ガリウムはむずかしそうだから、みんな尻込みして手を出さなかったという面はありますよね。おそらく一番大きな問題は、抵抗のコントロールが楽じゃなかったのではないかな。窒化ガリウムでは抵抗が下がらないと思っていたんじゃないかと思いますね。

我々がしょっちゅういじめられているバンコフという研究者がアメリカにいるのです

が、彼も窒化ガリウムをやっていたのですが、普通のフォワード（順方向）でなくバックワードでやったのです。電圧を逆方向にかけて、雪崩現象を起こさせた。つまり、いわば放電現象のようなことをさせて、強引に発光させたわけです。実用性という点から言えば、フォワードのほうがはるかに優れている。逆方向に電圧をかけるのでは、効率がひどく悪いですから。

中村——苦しまぎれでやっているという感じでしょうかね。私からすると、窒化ガリウムの最大の障害は、結晶を成長させる適当な基板がなかったということです。ま、これは成功した現在でも存在しないんですが。仕方なく、サファイアとか炭化ケイ素（シリコンカーバイド）を基板に使って、その上に窒化ガリウムを成長させているわけですが、要するにヘテロ・エピタキシー成長なんです。格子常数（格子定数）の面ではすごいミスマッチが起こっているわけですね。

常識的に考えれば、つくるべき結晶の格子間隔にほぼ一致するような材料基板をもってきて、そこに成長させればよい結晶ができるわけですが、窒化ガリウムの場合、格子間隔が一致するような基板材料がないわけで、これがいちばんの理由で、みなさんがやらなかったのだと思います、たぶん。

格子定数の合わない基板の上に成長させると、できる結晶はボロボロになりますからね。セレン化亜鉛なら基板にガリウム・ヒ素が使えるんですね。格子がうまく合いますから。窒化ガリウムはそうはいかないんです。
西澤——そうですね、窒化ガリウムは成長させる基板がないからダメだ、と多くの研究者は考えたのでしょうね。
中村——私が窒化ガリウムの研究を始めた頃、いま西澤先生があげられたバンコフさんなどがやっていた結晶は、みんなボロボロなんです。表面はデコボコで内部もグシャグシャ。欠陥だらけなんです。そんな材料ですから、これで発光ダイオード、さらに半導体レーザーなんかつくれるなんて、およそ想像もできなかったんじゃないですか。
西澤——研究の流れを見てみますと、半導体というのは、最初はIV族から出発して、III—V族の化合物半導体に入り込み、溶融化の高い材料から順番にモノにしていったわけですね。そしていま、II—VI族の世界に入りつつありますよね。それだって、同じようにすればよい材料ができるわけだけれど、使い道がないのによい結晶をつくるかといえば、そうはいかないですからね。つくりやすい結晶からつくっていって、基礎研究が進んでいくにつれて、むずかしい結晶もできるようになっていく。それが少しでも使えるということになれば、そのことがさらにむずかしい結晶材料の成長へと結びついていく。
窒化ガリウムというのは、溶融温度が非常に高いので、結晶屋さんが手をつけていなかったんですね。

「中村さんは天才児だ」って理由はそこにあるわけで、いわば感覚的に正解を当ててしまったわけですからね。

中村――感覚的なんですが、もっと泥臭くて、要するにやけくそでやったらできちゃった、ハハハ。西澤先生の前だから遠慮しているわけではないんです。ホント、何も考えていなかったんです。

見通しなんてないんです。その当時、青色発光ダイオードの候補材料といえば、炭化ケイ素（シリコンカーバイド）か、セレン化亜鉛か、窒化ガリウムか、この三つしかありませんからね。炭化ケイ素というのは間接遷移型の発光ですから、製品化などの将来性、見通しはない。そうすると残りはセレン化亜鉛か窒化ガリウム。まわりを見渡せば、セレン化亜鉛をやっている研究者ばかりでしたから、選択肢はもう窒化ガリウムしかなかったのです。

というのも、その前の一〇年間、私は「大勢の人がやっている材料」を同じようにやって、製品もつくったのですが、要するに売れないんですよ。ガリウム・アルミニウム・ヒ素の赤外の発光ダイオードとか、製品まで実際につくったのですよ。でもそれをもって売り込みにいくと、売れないんですよ、日亜化学という名前では……。ものは一緒なんですよ、そして評価はしてくれるんですよ。こっちだってきちんと試験していますから。

「日亜でもこんなものつくっているんですか、すごいですね」と褒めてくれるんです。でも製品を評価すると、よその製品と同じレベルですよ、となるんです。そこで「どうすれば買っていただけますか」と聞くと、「よその半値なら買いましょう」ですよ。

西澤――ハッハハハハ。

中村――あるいは、品質保証体制はどうなっていますか、とくる。こっちはちっちゃな会社ですから、全部一人でやっているんです。だから品質保証体制なんてあるわけがない。そういう話ですから、日本ではいくらよい製品だって買ってはもらえないんですよ。二〇〇人の会社ですから、製品開発から営業まで、全部私一人でやっていたんですから。

それでも会社に帰って、品質保証体制をつくってほしい、と言っても、今度は会社のほうは「売れるか売れないかわからないのに、品質保証体制なんかつくる意味ないだろう」と言われてしまう。だから、大手メーカーがやっているようなものをつくったって、売れるわけないということを体験的に理解したのです。だから、かなりキレていまして、青色をやるときには大手がやっていないものをやると心に決めていたのです。そこでもしできたなら、大手がやっていないですから、売れる可能性が出てくるわけですね。

なぜニシザワは勝ったのか？

西澤――発光ダイオードというのは、半導体の製品としては一般の人にもわかりやすいものだと思います。電気製品のスイッチが入っていることを示す表示ランプは、かつては豆電球でしたが、いまでは全部が発光ダイオードですし、車のブレーキランプでさえ、いまでは発光ダイオードが使われています。中村さんの青ができたんで信号機だってつくられるようになった。トランジスターは製品の中に入っていて見えないけれど、発光ダイオードは皆さんの目に届く光を出している半導体ですからね。

これだけ普及した発光ダイオードでも、たった四〇年前の一九六〇年代につくられたんです。その当時、いまでは簡単に言っているけれどガリウム・ヒ素の結晶なんてまともなものは皆無だったのです。しかも高輝度発光ダイオードというのは、みなさんは、かつての弱い光の発光ダイオードを単に改良しただけじゃないか、と思われるかもしれないが、冗談じゃない。結晶成長という一見すると地味かもしれないが、自然の仕組みを深く理解する学問の積み重ねの中から誕生した、まったく新しい世界の光なんですよ。

そのあたりのことをもっと正確に理解していただかないと困りますね。
中村――重要なポイントですね。
西澤――すでに述べましたが、弱い発光ダイオードの時代に、学界の重鎮ですら「明るい発光ダイオードなんかつくれない」という論文を書いていたのです。これは、科学の世界では意外と多いことなんですが、こういう論文が出ると、誰も疑わずに信じてしまうんです。これは結構質《たち》が悪いんですね。何も言わなければ素直に「できるかできないか」という判断の余地が残されるのに、有名な外国の研究者が「ない」と言ってしまうと、多くの人は、とくに日本の方は馬鹿正直に信じてしまう。なぜか知りませんが……。

私の場合は、そういう日本人の方と違うようで……ワッハハハ。そもそも材料欠陥という要素を除外した議論がおかしいじゃないか、というわけです。だから材料欠陥のない材料でやってみようじゃないか、というのがそもそもの研究の始まりですよ。
中村――先生の場合、それまでのいろいろな半導体研究が積み重なって、そこまで到達されていると思いますが……。
西澤――実はその前に光通信をやろうということで、半導体レーザーができるんじゃないか、というアイデアをいろいろなところに話しに行って、研究費を出してくれないか、と申し入れに行ったんですが、「そんな、できるかできないかわからないことに金が出せるか」と言われてしまった。こっちも若かったから「できるかできないかわからないから、お金をもらいにきたんじゃないか。できるのがわかっていたら、お金をもらいにくるもんか」と言い返して放り出されていた時代ですよ。ま、こういうのが日本の風土ですよ。

光通信に関していくつも特許をとったのですが、それで威張っていたってしょうがないんで、自分でやろうとしたんだけれど、結局、そのチャンスはもらえなかった。くやしがっていたんですが、いろいろ考えてみると、これからは長寿命の素子という視点が大事になるのではないか、という点に気がついた。そこで黄鉄鉱の時代を思い出して、ガリウム・ヒ素の結晶をつくり出したのです。そしてまず発光ダイオードをつくってみようかと思ったときの状況が、すでにお話したような結晶しかなかったということです。

中村——いろいろな糸が絡み合っているんですね。

西澤——高輝度発光ダイオードについて言うと、そうして高品質の結晶をつくっていくと、すごく明るい発光ダイオードができたわけですが、そんなときに、スタンレー電気の手嶋透さんと出会ったわけです。手嶋さんは東北大学から技術指導をしてもらおうと考えておられていて、もともとは別の先生のところに行くつもりだったようですが、代理店の方に聞くと西澤のところのほうがいい、という話になって私のところに来られたのです。

話は何かやりたいということでした。ただ、あまりレベルは高くないので、三本足（トランジスター）より二本足（発光ダイオード）のほうがいいのではないか、ということで話が進んでいったのです。もっとも、手嶋さんにしてみれば何でダイオードなんだよ、という思いはあったかもしれませんが、でも結局は二本足をやったからうまく行った面があると思いますね。こう言っては何ですが、スタンレー電気の実力で初めからトランジスターをやってもうまくいかなかったと思いますね。

実は、こっちとしても、もう少し研究を詰めてから手嶋さんに渡したかったのですが、何しろ研究室は貧乏だし、若者は私を信用しないで研究するんだから……。でも本当に感謝しているのですが、手嶋さんは私を信じてくれたのですね、これが大きかったと思います。ヤマハにおられた持田康典さんともども、生涯最高のパートナーでした。

そんな頃、新技術開発事業団の千葉玄弥さんが私のところによく来られていたのです。マスク装置の開発とか、私の特許であるイオン注入法をプロジェクトとしてやってみようなどという話が進んでいたのですが、別の人たちが始めちゃって、私は蚊帳《かや》の外になってしまったのです。そこで、きっと千葉さんも私に申し訳ないと思っておられたようで、このガリウム・ヒ素のプロジェクトがスタートすることになったのです。

こうして、新技術開発事業団にお金を出してもらって手嶋さんのところでつくってもらうようになったのです。一時はとてもうまくいかないのではないか、という厳しい状況になったのですが、再び少しお金を追加で出してもらおうという申請を手嶋さんがされて、千葉さんの英断があってそれが結局は実を結んだというわけです。

中村――研究内容以外にも紆余曲折があったということですね。

西澤――光が出始めると、あとはとんとん拍子なのです。しかも、とんでもなく明るい光が出る。私もサンプルをいろいろなところに見せて歩いたのですが、「後ろをあけて見せろ」と言われましたよ。ワッハッハハ……。実は後ろにトランジスターの特性を使って定電流系がつけてあったのです。これは安定して光らせるためにです。いきなりバッテリーにつないじゃうと不安定になりますから。すると「ここで増幅してるんだろう」って言うんですよ。もちろん「違うよ」ですが信用してくれないのですよ。それくらい明るかったのです。

これは後日談になるんですが、台湾からの働きかけがあって、ある人が何かの賞に推薦してくれるという話があったそうです。私は知らなかったんですが。そこでアメリカの人たちのサポートを求めようということで、日本のある有名な方が、向こうの人によろしく頼むという手紙を書いたそうです。そしたら向こうの人も「じゃあ」ということで日本の金属学者一〇人に手紙を書いたということです。「こういう話があるんだけれど、おまえたちどう思うか」って。そしたら、一〇人の金属学者が一人残らず「西澤の仕事なんてインチキでデタラメだ、おれの仕事のほうがよっぽどすごいんだ」と返事をしたそうです。いまだって、あの私の研究のデータは捏造《ねつぞう》だ、と言っている人がたくさんいるんですからね。

中村——あの高輝度発光ダイオードのデータがですか？

西澤——ええ、理由はスオイキオメトリーではない、というんですよ。中村さんの青色もそうだし私の赤色ももちろんそうなのですが、世の中に広く製品を売るということは、これ以上の実証はないんですね。ちゃんとつくって売っているわけですから、文句の付けようがないわけですね。

中村——それだけインパクトが大きかったということの裏返しじゃないですかね。だいたい暗い発光ダイオードしか見たことないわけだし、できないというあちらの人の論文があったわけでしょう。抵抗感も大きかったのではないですか。

西澤——高く評価してくれたのが台湾の研究者たちだったんですね。彼らの働きかけでヨーロッパの材料科学会で招待講演をさせられましたから。先日はアメリカから手紙が来て、「こっちはおまえの仕事の正しさは十二分に理解しているのだけれど、そのうちきちんと公《おおやけ》になるから、それまで我慢するように」という内容が書かれていました。
中村——ハハハ、困ったもんですね。

「世界は信じ、日本は信じない」という謎

中村——私の場合も、バンドギャップエネルギーから光るという理屈はあっただけで、逆方向バイアスによる変な発光はありましたが、やはり窒化ガリウムできちんと発光ダイオードをつくって実際に光るんだという成果はなかったんですね。
西澤——「出るだろう」とは言われていたんですね。
中村——そうですね。ずっと「出るだろう」で話が進んでいたんです。
西澤——基礎測定で禁制幅の幅はだいたいわかっていたから、この材料なら出るだろうとか、これは間接遷移だあれは直接遷移だ、ということくらいはわかっていたんです。
中村——私が青色を始めたのは一九八九年の四月くらいですから。始めてから半年くらいして、当時の名古屋大学の赤崎先生が電子線を照射するとｐ型になるという論文を発表されたのです。それは出たんですが、みんな半信半疑なんです。私も半信半疑でした。

なんで電子線を当てるとp型になるのか、逆なら、つまりn型ならまあ想像がつくけど、p型なんですから要するにわけがわからないでしょう。

九一年に最初のツーフローCVD装置をつくったんですが、それからいい膜ができるようになったのです。そこで、九二年に赤崎先生がやられた電子線照射の実験にトライしてみたのです。でも、電子線を当ててもp型半導体にはならないんです。赤崎先生のいうp型というのは、ホールキャリア濃度が一〇の一五乗くらいですから非常に低いんですよ。

西澤――抵抗が高いんですね。

中村――そうです。だから私がいくらやってもp型にはならないんです。おかしいな、と思って、「これは熱の効果とちゃうか」とにらんだんです。そして温度を上げてみたのです。そしたら簡単にp型になったんです。実は赤崎先生も実際に熱処理をやっておられた。熱処理をやっていたんですが、それをアンモニア雰囲気中でやっていた。そうすると、それはむしろ抵抗を上げる方向に作用するんです。アンモニアが分解した水素が材料に取り込まれて、アクセプターを不活性化していたんです。これを「水素パッシベイション」と言っています。

私はきっと水素が関係しているだろうとにらんでいましたから、窒素ガスの雰囲気中で熱処理をしてみたわけです。そしたらp型ができたのです。それがまた抵抗の非常に低いp型でして、だから現在ではみなさん、窒素ガス中でアニーリングしてp型をつくっておられるわけです。

これでp型ができて、n型のほうは簡単にできますので、九二年に、完全なジャンクション（pn接合）の青色発光ダイオードをつくったのです。

西澤――そのアンモニアの分圧が変わって温度が変わるという、そのところにノン・ストイキオメトリーが少し効いているような気が私にはするのですが……。

中村――あー！　確かにそれは効いているでしょうね。

西澤――だからあるだろうと思うんですね、同じ効果が。そうでしょうね、確かに。そうですね……。

中村――こうしてホモジャンクションのＬＥＤが九二年にできたのですが、それは非常に暗いものでした。これができたときにも、まさか高輝度の青色発光ダイオードができるとは想像できませんでした。高輝度はダブルヘテロ構造になりますから……。それでも会社は、これまで青色の世界でそれほど光る発光ダイオードはありませんでしたから、ホモジャンクションでしたが、製品化せよと指令がきたのです。でも私の場合は、もう当時はキレていましたから、つまり「最終的なダブルヘテロ構造までやってやる」と腹に決めていましたから、会社の命令を無視して研究開発を続行し、九三年についにダブルヘテロの青色発光ダイオードを実現させたわけです。そんな感じですね、私の場合は……。

西澤――最初のホモジャンクションの青色LEDの論文が出ても、他のグループは窒化ガリウムの世界に参入しようとはしませんでしたね。

中村――あとで聞いたのですが、みなさん論文を読んでいるのですが前の話と同じですよ、信じないんです！　日亜化学の中村修二で論文を出しているでしょう、わけのわからん怪しいヤツが論文を出しているくらいですからね。でもアメリカやヨーロッパの研究者は違いますよ、これはすごい論文だ、ぜひリプリントを送って欲しい、という要請がいくつも舞い込みました。私が聞いた日本の方は全員、論文の内容を信じなかったと言っていました。これは日本の典型ですよね、日亜化学なんてまったく無名でしょう、日本は肩書きしか信じないんですね。これは西澤先生の場合とまったく一緒だと思いますね。

西澤――こっちは論文を投稿してもアクセプト（受理）されなかったくらいだから。だから、最初の「半導体でもレーザーができる」というテーマは、論文が消えてしまった。これは最大の悲劇ですよ。中村さんの場合、少なくとも論文のかたちになって世に出たのは幸運だったと言えると思います。
中村——そうなんですか……。
西澤——だから特許というかたちにしかならなかったんです。だから、論文を落としたヤツを処罰しろ、と言うんですよ、ハハハ……。中村さんの例がやはり典型だけど、弱い光のＬＥＤから高輝度ＬＥＤまでの間には、やはり、なんというか、普通の研究者の中には大きな差があるわけですよ、飛躍が必要な……。それを中村さんだけは自然に超えていたんです。

この点で私が困ったことだなと思うのは、若い研究者のことなんですね、もちろん中村さん以外の……。例えば私が、こういうふうなことだから、できるはずだからやってごらん、と言ってもやらないんです。ひどいのになると、「そんなことできるはずがありません」と言ってくる。

私がある指示なり議論をするというのには、これまでさんざんいろいろなことをやって来ていますし、だいたいそれがあたっていますからね。あまりやらないから「このあいだも同じことを言ったじゃないか」と問いただすと、「そんなこと、やらなくたってわかっています」と居直られちゃう。「やってみなけりゃわからないじゃないか」「やってみなくたってわかります」という押し問答になってしまう。

こんな話をしなくちゃならないというのは、決して若者がクリエイティブとは限らないということですよね。あくまでも、その人、個人の研究者の資質にすべてがかかっている、ということですね。

フェーズダイアグラムを見直せ

西澤――はっきり言うと、ものの性質のいわば基本になっているフェーズダイアグラム（相図）の考え方を、少し変えないといけないと思いますね。いまの相図には、圧力というスケール、物差しが入っていないからです。もちろん、何気圧で測ったダイアグラムである、という記述はありますけどね。このような測定では、正確にストイキオメトリーをキープしようとすると、ここは何気圧になっている、次は何気圧になっているというもう一つの指標がいるんです。天気図の気圧表示みたいなものですね。そこからズレているところは、ストイキオメトリーからズレているんです。それはほんのわずかかもしれないけれど、たとえば融点、つまり融ける温度が微妙に違ってくるのです。難しく言うと、完全な閉鎖系ではない。

こういう大事なことが、従来の考え方にはまり込んでいる研究者の間では、まったく観念の外にあるのです。だから、基礎研究という面で、そこの部分を展開してやっていけば、新しい世界、新しい材料の開発が期待できるはずなんです。実際に、私はそのあたりの論文をいくつも書いているのです。化合物半導体について、そのあたりを意識してたくさん調べているんです。あとを須藤教授がついでいる。

中村――なるほど……。

西澤――先ほど中村さんがｐ型ができないという話をされましたが、ちゃんと圧力をずらしてやればｐ型はできるわけです。とくにテルルの化合物がｐ型しかできないと言われていたことがあるんです。テルルというのは変な材料で、蒸気圧が低いんですね。普通の化合物半導体は、たとえばガリウム・ヒ素ならヒ素のように後に書かれる元素のほうが蒸気圧が高いんですね。ところがテルルというのは非常に蒸気圧が低い。だから蒸発してしまうのは前に書かれるほうの元素なんです。金属的な元素のほうが蒸発してしまうんです。

そういうことで、金属元素のほうに欠陥ができる化合物半導体はｐ型になりやすく、後ろの非金属的な元素のほうに欠陥が生じる化合物半導体はｎ型になりやすいんです。全体の傾向をみると、こういうふうに整理できますから、テルルの場合、金属側の元素の蒸気圧を高くして結晶成長させてやると、きちんとｎ型のものもできたんです。結局、私がこれまでやったものでは、すべて、p型にもn型にもできるんです。そういうことなんです。基礎学問的に追求していくと、いろいろおもしろいことがわかってくるんですよ。でも不思議なことに基礎の化学者はそんなこと見たくもないらしい。

中村――それはなぜなんですか？

西澤――やっぱり自分のやってきた知識は絶対だと信じているからではないでしょうか。実際にはよく見ていないから、自然は別のかたちになっているんですがね。結晶を成長させるときに蒸気圧を加える場合はわかりやすいかもしれませんが、自然に蒸気圧が加わっていることに目がいかないのです。温度が上がれば、ひとりでに蒸気圧ができるんですから。それを測定せずにつくっているのです。

しかも、ただ測るだけじゃなくて、きちんと制御しながら測らないと、本当のフェーズダイアグラムは出てこないわけですね。現在の化合物半導体の結晶成長というのは、それをやらずにやっているのです。こんなことを言うと叱られるかもしれませんが、私に言わせればいまのは「鉄時代のダイヤグラム」なんです。「半導体のフェーズダイヤグラムではない」ということです。ハハハ……。半導体というのは、ほんのわずかな条件の変化で性質が大きく変わりますからね。

だから、学問がより精度の高いレベルに進んでいく、ということなんですね。このような基礎学問の一歩高いところへの飛躍が、高輝度発光ダイオードを産んだのであって、これなくしてはありえなかった、と私は思っているんです。そうでなければ、あんなに明るい光が出るわけがない。
中村——ええ、その感じはよくわかるんですが、窒化物の場合は、何かちょっと変なところがありますよね。私の場合、自然にうまくいってしまった面もあるし……。
西澤——細かい問題があるかと思いますが、温度を上げているということが非常に重要で、大まかには蒸気圧制御が効いているように思います。窒素一〇〇〇気圧ぐらいのときのデータがフランスから出ていますし……。
中村——そうですね確かに……、ノン・ストイキオメトリーが関係していると思いますね。ちゃんとストイキオメトリーに達したところがキャリア濃度が非常に高いｐ型になっていますから……。そのあたりの精度は明らかに違いますから。

二人の成果が、世界を動かした

西澤——すべての問題は「先入観」というものでしょう。学校で教えられたものが絶対だと思っていると、本当の自然をつかみとることのできない人になっちゃうんです。

中村——私が西澤先生の研究でびっくりしたのは「温度差法」ですね。LP（液相成長法）の理想形が温度差法なんです。私は徐冷法でやっていたんですが、徐冷法でやっていくと、どんどん組成が変わってしまうんです。前の仕事で液相成長法を使っていましたが、西澤先生が温度差法に行き着かれたことはたいへん尊敬しています。あれは本当に同じものができますから……。あれをどういうふうに気がつかれたのか、前から一度ぜひお伺いしたいと思っていたのです。

西澤——いや、あれは完全に均一なものをつくろうと思って、頭で考えてやりましたから。

中村——へえ……、そうですか。でもあれは大変なアイデアですよねえ。なんか、発想が大きく飛躍しているような感じなのですが……。

西澤——そんなに頭のいいほうじゃないから、理詰めでやったのですよ……。目標は均一な材料がほしいということ。徐冷法でやるとだんだん組成が変わっちゃうから、均一な材料がほしいなら、まず温度に差をつけておいてつくるのが一番いい、と考えたわけです。それだけなんです。

中村——あれは液相成長法の究極の方法ですよね。私はなぜ西澤先生が温度差法を考案されたのかわからなかったんです。だからずっと徐冷法でやっていたんですが、温度を下げるたびに組成が変わってくるんですよ。同じ組成のものができないんです。クラッド層にガリウム・ヒ素やガリウム・アルミニウム・ヒ素を使っているんですが、それがずうっとズレてくるんです。ところが温度差法を使うと、ピシッと一定になって、非常によく光るLEDができるんです。あれはすごいです！

西澤――あの方法は、結果としては、住友電工も同じことをやっていたんです。ところが彼らは意識してやっていたわけじゃないから、きちんと理屈を押さえられなかった。こっちは大学の研究者ですから、きちんと数値まで押さえて、論文に出したわけです。彼らはその論文を読んで、その数値に合わせてみたら実にうまくいった、と教えてくれました。「オーバープレッシャー（過剰加圧）法」と言っていますが、正しくは「オプティマム（最適）プレッシャー法」なんですね。住友電工の人たちも近くまで到達していたのですが、気がつかなかったというわけです。

でも、住友の人たちはフェアで、私たちの論文を見てやった、ときちんと言ってくれたからよかったのです。普通は言わないですもの。

中村――ええ、普通は言いませんもの。ウチが先だ、と言いたいから、論文を見てやったなんてなかなか言えませんよ。ハハハ。

西澤――外国の成果だとなぜか別になるんです。手嶋さんが会社が潰れるかというところまで頑張ってやっとの思いでつくり上げたとき、アメリカにおっかなびっくり持って行って、向こうの連中に激賞されたんですよ。で、「ブライトライト・エミッティングダイオード」という名前をつけていたんですが、向こうの人に、「何を言っているんだ、ベーリーブライトかスーパーブライトという名前にしろ」と言われて、それで「スーパーブライト」という名前になったんです。

中村――そうだったんですか！

西澤――向こうの人に言われて、その仕事のすごさに気がついたという面があるんですね。日本語では高輝度発光ダイオード、英語ではスーパーブライトLEDですね。このあいだ、あるところで叱られたんです、あんなに明るいのをつくりやがって、って。前の車がブレーキを踏むとあまりに明るいので精神的におかしくなるって。ゆっくり踏めばそれほど光らなくして、急ブレーキのときに明るく光らせることなど、そんなに苦労しないでできるのに、そうしなくても売れるものだからそのまま売っているんです。

応用という面ですが、中村さんが青をつくったから、これで信号機ができる。信頼性が高くて寿命が長い信号機ができる。でも警察に行っても、なぜか採用しませんよね。これなぜだかご存知ですか。

実は、警察を退職した方が、信号機の電球を取り換える仕事に関わっているんですね。

だから、スーパーブライトLEDで信号機をつくってしまうと、彼らの仕事がなくなっちゃうんです。それで結局、信号灯にスーパーブライトLEDを使わないことになったんですね。新製品を出すとき、前からの仕事を考えて配慮しなければならない、ということでしょうか。

中村——ええ、私も聞いています。アメリカやヨーロッパは、どんどんスーパーブライトLEDに変わっているんですがねえ。日本だけですね、なにしろ天下りの天国ですから……。アメリカなんか見るとびっくりしますよ、バシッとした光の信号灯ですから。どんどん置き変わっています。

西澤——車のブレーキランプだって、最初はアメリカですからね。日本では最初は許可されなかったんです。ホンダの車が日本に逆輸入されて、はじめて日本でも普及したんですから。あの話は法的にはどうなったんですかね、訴訟になったような気がしますが……。

中村——車で言えば、アメリカではもう方向指示器がスーパーブライトLEDに変わっていますよ。黄色とか赤とか。どんどん採用されている。日本だけが、自分の国の発明発見なのにあまり使われていない。日本だけですよ、天下りがはびこって、自分の国で生まれた優れた新技術を採用しないという愚かなことをやっているのは……。

西澤――私が思い描いた夢でまだうまくいっていないのは、大型の画面。いまプラズマディスプレイがあるでしょう。でも、もっと大きな画面になれば、スーパーブライトLEDのものになる。中村さんのところでつくられましたが、本当にきれいな画面ですね。つまり、ある程度の大きさの画面になったらLEDが主流になる可能性は高い。なにしろこれで光の三原色がみんなそろったんだから。大画面テレビに使われるようになったすごいですね。

こうなると少し抑制しないといけないくらい、あっちもピカリ、こっちもピカリというふうに……、ハハハハハ。

それと、駅のプラットホームというのは汚ないでしょう、あっちにもこっちにも停車位置の張り紙がつるしてあって。あんなのは、ホームにスーパーブライトLEDを埋め込んでおいて、電車が来るたびに指示するようにすればいいんです。一部、東京のJRで始まっているようですが、あれをもうちょっと上等にして、次はどの位置、急行はどこ、というふうにすればいいんです。同じパネルを使えるんですから、美観も損ねることなしに便利な仕組みができるはずですね。応用分野はたくさんありますよ。

中村――そうですね、照明器具という大きな応用分野がありますね。この部屋はいまは蛍光灯だけど、三原色のスーパーブライトLEDができたので、白色光源ができるわけですから。実際にそういう例も登場しているんです。

西澤――しかもスーパーブライトＬＥＤならエネルギー効率が非常に高いですから、省エネにも直結する。

中村――白いスーパーブライトＬＥＤの効率はいま電球の二倍です。まだ蛍光灯のレベルまではいっていませんが。でも、もう何年かで蛍光灯のレベルまでいくと思っています。そうなれば、スーパーブライトＬＥＤの照明器具がどんどん普及していくでしょう。なにしろ安定で長寿命ですから。

西澤――スーパーブライトＬＥＤができたということは、これまでの話で、いかに材料欠陥の少ない化合物半導体結晶ができたか、ということを万人の前に語っていることであることがおわかりいただけたと思います。また、そうした結晶をつくるうえでノン・ストイキオメトリーの制御というテーマが最も重要なカギであることも、もうおわかりと思います。でも、多くの研究者はそれを公然と認めようとしない。

レーザーの場合は共振器デバイスですが、基本の結晶成長はスーパーブライトＬＥＤと同じで、実際、半導体レーザーもむかしに比べると非常に明るい製品が実際にできていますね。これについては、私たちの仕事も非常に大きく貢献していると信じているのですが、残念ながら、そのことを誰も語ってくれないのです。明らかに長寿命になり、効率が上がっていますでしょう。

　発光ダイオードだって、なぜ暗かったかと言えば、励起された電子がきちんと基底準位に落ちてくれればいいのに余計なところから落ちる電子がいっぱいあったから暗かったのです。この余計なところをなくしている、ということがガリウム・ヒ素の高純度結晶というわけです。この落ちる「落差」がバンドギャップで、この余計なところから落ちるバンド間遷移が、ノンストイキオメトリーで決まってしまうのです。だから、このノンストイキオメトリーを消してしまえば、電子は直接落ちていくしかないのですから、レーザー発光の場合も、すべて電子はこの「落差」に限定されてしまうわけです。だから非常に効率が上がるわけです。

　また、欠陥があれば結晶の中で原子が移動するから、壊れるんです。だから、長寿命・高効率という面で、この完全結晶というのは大きな貢献があるのです。でも誰もそのことを発表してくれないですよね。

中村——ハハハハハ、そうですね。

西澤——住友電工のガリウム・ヒ素結晶は、いま世界シェアの五〇％くらいを握っていると思いますが、この点でみても私たちの貢献が大きいことは端的に言えるわけです。そういえば、研究発表に使うレーザーポインター（光の指示棒）がありますでしょう。

あれはいままでは一万円くらいで簡単に買えるんですが、赤のスーパーブライトLEDができたとき、大きなヘリウムネオンレーザーに置き換えたものをスタンレー電気につくってもらって、配ったことがあるんです。もちろん、いずれは半導体レーザーに置き換えることを想定していたのですが、OHPの明るい画面で使うには、スーパーブライトLEDといえども光が弱く、結局は普及しませんでした。いま使われているのはすべて高輝度の半導体レーザーのものですね。これ以外にも私たちの仕事が貢献している分野はたくさんあるのでしょうが、これだけでも大変な広がりですからね。

中村――そうですよね。昨日も早稲田大学で化合物半導体に関するセミナーがあったんですが、そこで化合物半導体の発光と電子デバイスに関する研究がいろいろあったのです。化合物半導体のマーケットというのは、だいたい四分の一が電子デバイスで、残り四分の三がオプトデバイス（光デバイス）なんですね。つまり光デバイスがほとんどなんです。

シリコン半導体は電子回路では圧倒的ですが、なにしろ光りませんから、光デバイスという分野では化合物半導体の独壇場なんですね。この方向は揺るぐことはないと思います。

電子デバイスとしての化合物半導体は、やはり特殊用途に限られるのでしょう。いまで言えば携帯電話。携帯電話の発信器にはすべてガリウム・ヒ素のトランジスターが使われています。もし携帯電話が登場しなかったら電子デバイスとしての化合物半導体は消え去っていただろうと言われていますから。あれがなかったら一〇〇％がオプトデバイスになっていたのでしょう。

ノーベル賞と特許

中村――二〇〇〇年のノーベル物理学賞を受賞したクレーマーさんは、現在私がいるカリフォルニア大学サンタバーバラ校の同僚なんですが、彼は半導体へテロ接合の発明家なんですね。ヘテロ接合ができて初めて半導体レーザーができて、レーザーが通信に使われて、いわゆるＩＴ（情報通信技術）の爆発的展開が起こった、という筋道でしょう。

西澤――その通りですが、実はあまり知られていない話があるのです。一九六七年末にラスベガスで第一回の国際レーザーダイオード会議がありました。そこへ三菱電機の洲崎渉さんが来て、明るい発光ダイオードを見せていました。私が「論文は送ったのか」と聞くと、何も出していないと言う。皆に見せて説明してしまったと言うから、

「大変なことをしてしまったね」と言ったのです。でももう取り返しがつかない。そこで私が座長のときに、正式に見せて発表の代わりにさせようとしたのですが、後のレポートや仕事が続かなかったから忘れ去られてしまった。

いま見ればノーベル賞を逃したことになります。ヴィノグラドフ（当時、米国立標準研究所）にデスバレー（カリフォルニアとネバダにまたがる有名な国立公園）に観光案内などしてもらってないで、どんどん研究を進めるべきだったのですが、結局、レーザーでヘテロ接合をつくって常温連続発光をやったのが、今回の同時受賞者のアルフェロフ（ロシアのA・F・ヨッフェ物理工学研究所）なんですね。

公式発表とは微妙にズレているんですが、そのあたりの事情はノーベル委員会はじゅうじゅう承知なんですね。だいたい、クレーマーだってアイデアは特許公報に出したけれど、正式な論文は書いてないと思いますよ、短報（ショートノート）があるだけだという話を聞いたことがあります。集積回路のアイデアが受賞理由になったジャック・キルビーだって、特許はとっているが論文なんて書いていませんよ。そういう意味で言えば、きわめて異色なノーベル賞なんですね。アルフェロフもショートノート。でも、ヘテロ接合だからこそ常温連続発光が可能になった、ということです。

クレーマーの仕事で私が見ていた特許は、ガリウム・ヒ素ではないんです。彼のもともとの仕事は硫化物で、それが特許になっているんです。
中村――今年のノーベル物理学賞は、基本的には半導体レーザーに対して与えられているんです。半導体レーザーが光通信に使われて、通信技術があって、それでＩＴがあるわけです。でも、そのもっと基本のアイデアを出され、発展に大きく貢献された西澤先生が無視されちゃった……、ハハハ。
西澤――半導体レーザーではバソフがかつてノーベル賞を受賞しているわけですが、そのまったく同じ内容を私は彼より早く特許にしているんですからね。実際、バソフは私のところに何回も訪ねてきていて、そのことを非常に気にしているようでした、こっちは知らなかったんですけど。
　だからバソフはいまでも私の仕事をいろいろなところで取り上げてくれているようです。ま、今回の受賞によって、いろいろ勘違いはあると私は思うけれど、私が無視されていて、「バソフが最初の半導体レーザーを考え、それをヘテロ構造で考えたのがクレーマーで、実現して完全に実用体制にもっていったのがアルフェロフ」という筋書きになっているわけですね。
中村――先生の光ファイバーのパテントはどうなっているんですか。ＩＴという点では決定的な発明ですよね。

西澤――あれに関しては誤認がひとつあるんです。私の特許は、何らかの集束作用をもたせれば光通信ファイバーができる、という観点で特許を書いているんです。そして、最後に何らかの具体的な請求範囲を書け、ということで初めて、いわゆる「グレーデッド・インデックス型光ファイバー」のことを書いているんです。最初のほうはグレーデッド・インデックス型に限定していないんです。

もちろん当時、表面波伝送ということを知っていましたから、それをうまく入れたかたちで出したかったんだけれど、残念ながらまとまらないまま出してしまったということです。でも「集束作用をもたせる」ということは私たちが言ったんで、その二年後に、カオさんが例の「純度を上げると数十キロメートルは光が伝送できるだろう」という論文を発表しているんです。

ファイバーをつくるとき、実際には、内部で吸収される光よりも外に逃げてしまう光のほうが多いんです。日本経済新聞で「過去一〇〇〇年におけるアジアが生んだ最も偉大な発明はカオによる仕事だ」と発表されてしまったんですが、ま、私のところとカオさんのところで基本的なアイデアを出したと思っています。いずれにしても、私のこの仕事もなぜか無視されちゃっている。ITだって、ハードウェアは集積回路と光通信で、その両方に二〇〇〇年のノーベル物理学賞が贈られたということでしょう。

それを使っていろいろなことが展開されつつあるわけですが、ハードウェアがなければそんなことも実現しないわけですね。もちろん、その中には中村さんの青色発光ダイオード、青色半導体レーザーも入ってくるわけですね。記録密度が非常に高まったとか、そういう効果が常に顕著にあらわれてきているのです。

中村――その通りだと思いますね。

西澤――ちょっと余計なことを話させていただきますが、だいたい将来の通信というのは光を使わなければダメだ、ということを八木秀次先生が言われたので、それが私の頭の中にあったんですね。だからｐｉｎ《ピーアイエヌ》ダイオードを発見したとき、これが光にも使えるぞと思ったんです。太陽電池というのは光から電気に変換するという機能を使っているわけですが、光通信の観点からいえば、これは光検出器に相当するわけですね。だから、いまの太陽電池はすべて私のｐｉｎダイオードでできているわけです。半導体の光分野への展開という私の視点は、八木先生の言葉が引き金になっているのは間違いない。

つまり、光を受けて電気信号に変えるという素子は、このｐｉｎダイオードでできたわけです。その後、アバランシェ光ダイオード（ＡＰＤ）という高効率のデバイスを発見しましたが。しかし、発光素子である半導体レーザー、光を送る伝送路としての光ファイバーは、いずれもアイデアは考案して特許のかたちで残ってはいるが、実際の研究はやらせてもらえなかった。光ファイバーの特許は最高裁判所まで行ったのですが、最後の審決は「本件特許は成立しないことと認める」だったのです。それだけで、理由は何も書いていないのです。
中村――理由なしですかあ！　ハアア……。
西澤――理由の発表なしですから、喧嘩の相手がいなくなっちゃったようなものです。ま、これについては、これから少し調べてみようかと思っているんですが、こんな裁判ってあるんですかねえ。理由なしの審決で死刑が言い渡されたようなものですから。
中村――それはおかしいですねえ。
西澤――聞くところによると、これはまずいと思っている人もいるようです。また審査官の中には、あの当時、当然認めるべきだったと考えている方もおられますからね。ま、こっち側の弁理士がまずかったこともあるんですがね。こういう面白い事件が実はあるんですね。
つまり、「集束作用をもたせた光ファイバー、その具体例としてのグレーデッド・インデックス型光ファイバー」という特許は認められなかったのです。
中村――非常にブロードな（広範囲に及ぶ）特許なのに、残念ですね。
西澤――この裁判はついこの前までやっていたんです……根気よく。こういうことをきちんとさせることが日本にとって大事なことだと信じてやってきたのです。

中村――そうですよね。

西澤――住友電工の中原恒雄さんなんかも最後まで「この特許は早く決めろ、光通信において日本が重要な貢献をしていることをはっきりさせる上で、これは非常に重要な特許だ」と言ってくれたんです。でも、まあ、その他大勢のすさまじい攻勢によって寄り倒されちゃったんです。

中村――何でそんなことをするんでしょうかねえ。

西澤――わかりませんよ。大メーカーのご意向でしょうかねえ。

それはともかく、アイデアは出してもそっちの研究はできないから、黄鉄鉱の経験もあってガリウム・ヒ素の分野に乗り出していったんです。ノンストイキオメトリーじゃないか、って。このときはタイミングがよかったこともあって、評価されるようになったんです、外国では。

第四章　結晶という《宇宙》

西澤潤一×中村修二

結晶は未開拓の広野

結晶成長に関する「西澤理論」

西澤――話を結晶成長のほうに移しますが、ガリウム・ヒ素の前、黄鉄鉱のあとにシリコンの成長の研究もやりました。横に広がることは、前章で述べたようにしてだいたいわかったのですが、縦方向にも伸びなければ結晶は成長しない。

結晶成長の分野では、いまでも「フランク理論」というのがあるんです。これは、スクリューがないと結晶は縦に伸びないという理論です。このことは、純度の低い汚い結晶だとそうなんです。

ところがＩＣ（集積回路チップ）をつくるような場合、こんなものがあると困るんです。そこの部分がダメになってしまうから。トランジスターだって、スクリューの上につくったらダメになってしまう。

中村――はい。

西澤――これじゃあ、ＩＣつくったらダメになっちゃうじゃないかと思って、私は、まず端っこのほうに人工的にスクリューをつくっておいて、それで結晶を引き上げてやれば、そこから結晶が広がって、全体の広い面積の部分はきれいな結晶になるだろう、と考えたんです。つまり、ともかくスクリューをつくるということをやってみようとした。

そこで、いまある結晶の中でスクリューによる成長というものがどんなものか、まず確認しようとしました。普通のやり方では顕微鏡で見えないんですね。そこで、先ほどお話しした通り、黄鉄鉱をいただいた砂川一郎さんがそういうことをやっているものだから、夏季講習会に砂川さんを呼んで欠陥の見方について講義をしてもらったのです。研究室の若い連中を集めてね。実際にはどうするかというと、銀の薄膜をサーッと蒸着するんです。銀というのはおもしろい金属で、非常に平坦な膜ができるんですね。銀を付けると反射率が上がりますから、顕微鏡で見ると結晶の表面がきれいに見えるようになるんです。その技術を砂川さんが持っていたから夏休みに呼んで教えていただいたのです。

山形で講習会をやって、帰りに仙台に寄ってもらったんですが、ウチの若いのは、砂川さんが帰ったら何もしないんですよ。やり方も忘れている。「けしからん！」ということで、もう一度会いに行って伺ってこい、と言って溝ノ口に行かせたことがあります。もう一人も一緒に行かせたのかもしれません、かなり昔の話です。

中村——ハハハ。

西澤——これは電子顕微鏡ではないんです。光学顕微鏡で結晶表面を見る方法なのです。つまり器械が上等ではなくても見えるんですよ。そんな経緯で結晶表面を見始めたんです。それでもあまりはっきりとは見えないんですよ。何しろ相手は原子サイズですから。ただ「これはおかしいぞ！」というのはわかるんです。そこでフィルム代を惜しむな、おかしいと思ったところはみんな写真に撮れ、と指示したんです。

そうすると、いろいろ出てきて、そのうち変なものが出てきた。これはなんだろうと不思議に思ったのですが、最初の学生はわからないまま卒業していってしまった。三人目の学生だったと思いますが、彼が「これはどうも、結晶が伸びるときに傷にぶつかるとできるらしい」と言うんです。結晶が広がっていくわけですが、欠陥があると、それにぶつかって影のようなものができるんです。それが中心から広がるのですが、結晶が広がる方向によって決まるものだから、ある角度に偏るんです。つまり、その影の方向に結晶が育っていくのだろう、ということがわかったのです。それによって、いろいろな問題がスーッと解けてしまったのです。

そのうちにだんだんわかってきたのは、これ以外に縦に結晶の成長があるんだということがわかってきた。そして、スクリューなど何もないところでも結晶は成長するんです。

そのあと、なかなか元気な職員がいたんですが、彼が、ＩＣ技術を使ってミクロなテーブルをつくり、そういうつくりものをつけた基板で結晶を成長させますと、テーブルが二、三秒でおむすび型になるのを見つけたんです。二、三秒というあっという間にですよ。これは装置をぶっ壊すようなことで、できている結晶をいきなり水の中にぶっ込むんです。

中村――かなり乱暴な実験ですね。

西澤――ええ、確かにこれはひどく乱暴なことですが、それによって成長が止まるわけです。それを顕微鏡で見ることで、おむすび型になることがわかりました。これもなぜだろうですが、これについては簡単に理由がわかるのです。結晶には広がりやすい方向があるからです。

そのとき私は、三角のテーブルをつくってやってみろ、と指示したんです。結晶の111面だから。テーブルをつくるときに、基板をぐるっと回して、いろいろな方向の三角形をつくってやるんです。そうすると、ある方向に伸びていくということが、きれいに観察できるんです。こうして、結晶の方向性を初めてはっきりさせることができたんです。英国で出版された『クリスタルグロース（結晶成長）』という本の三分の一を私が書いたことがあるんですが、この成果はそこに掲載しました。この成果も、評価してくれる人は非常に褒めてくれるんですが、鼻にもかけない人もまたたくさんいるんです。

そういう意味で、欠陥のない結晶でも成長するというところを定量的にまではっきりさせたのは我々の仕事になっているのです。これはシリコンですが、同じ手法をガリウム・ヒ素にも採用しているんです。

ガリウム・ヒ素でも同じことをやっているし、同時にノンストイキオメトリーもやって、そうした積み重ねの上で、完全結晶でノンストイキオメトリーを制御できるようにして、それが市販されるようになったのです。これが結晶成長に関する我々の仕事の大筋です。でも、こうした地味な仕事はなかなか評価してくれない、まさに地の塩ですよ。

中村——結晶がある方向に速く成長していくというのは、いまでは常識ですよね。

西澤——さっきの話じゃないけれど、おまえの仕事が正しいのはみんな知っているんだ、と。ただみんなが言わないだけだ、というわけです。誰がやったかは言わないというわけです。その頃は全然当たり前じゃなかったのに、いまでは、あまりにも当たり前のことだから……。

窒化ガリウムの「中村理論」

中村——本当にそうですよね。私の場合は気相での成長でして、装置が重要なカギでしたね。MOCVDは最初は市販のものを購入したんですが、それを改造して、自分でツーフローCVDという新しい装置をつくっていったんです。それでつくった結晶が「いい」と一言では言えないんですね。窒化物というのは不思議な結晶で、転位の数は一〇の一〇乗個くらいもあるんです。現在製品化しているものの結晶でも、ですよ。これは、ガリウム・ヒ素などではまったく考えられないほど欠陥だらけの結晶です。それでもよく光るんです。日亜化学のスーパーブライトLEDもレーザーも、いまなお世界一なんですが、それはよそと反応装置が違うだけなんです。

結晶成長の装置というのはいろいろあると思うんですけど、結晶の質を評価すると、よその製品より優れているというよりはむしろ劣っているんです。悪いのによく光るんです。だからナイトライド（窒化物）というのは非常に不思議な結晶なんです。

西澤――転位にデポジット（沈着）しているものが違うんだと思いますよ。転位という結晶のズレがあるわけですが、そこにはいろいろな物質がたまるんです。だから、結晶が単純にズレているんじゃなくて、そこに変なものが集まる。集まっているものが違うんじゃないかと思うんです。そこに集まるものが違うとまったく違ってくるんですよ。

中村――はあ……。

西澤――中村さんの場合は、そこに集まっているものが、キャリアを吸い付けないようになっているんじゃないかな。

中村――おっしゃる通りで、確かにそういう説もあります。転位の部分にキャリアが行かないので、そこで再結合しないというわけです。

西澤――そういう点でも、中村さんは非常に「神に愛でられし人」だと私は思います。

中村――それは自分ではわからないですよ。いま先生がいろいろと推察されるからわかるんですが……。

西澤――いや、非常に勘がいいんですよ、中村さんは。そういうバリヤー、障害を、みんな苦労することなく乗り越えてしまっているんです。ハハハハハ。

中村――ハハハ。でも過去の一〇年は液相成長で大変な苦労をしているんですが……。結晶というのが何なのか、かなり「見えていた」という感じはあります。

西澤――その苦労と窒化ガリウムの成功がうまく相殺されているんですね。前のほうのテーマは苦労に苦労を重ねて乗り越えたけれど、こっちのほうはほとんど苦労せずに行けたんですね。だから、非常に勘がいいという言い方もできるし、運が良かったという言い方もできる。

中村――そうそう、本当に運が良かったんですね。

西澤――いやあ、運も大事な能力のうちですからね。

中村――発光ダイオードの場合は、それだけ欠陥があってもよく光るんです。ただレーザーの場合は、かなり欠陥を減らさないと光りません。レーザーだと電流密度がＬＥＤより一桁は大きいですから。あるいは温度がかなり上がって欠陥が何か悪さをしているんです。でもＬＥＤなら一〇の一〇乗くらい欠陥があっても明るく光るんです。

西澤――これから大学で楽しもうと思ったら、そのあたりを研究してもおもしろいんじゃないかな。

中村――そうですね。

西澤――大学ならすぐにモノをつくれモノをつくれ、とは言われないから。そのあたりを攻めていけばいっぱい論文を書けますよ。

中村――本当にそうですね。確かにそうですよ。だから、よく光る理由の一つは、キャリアが欠陥のところに行かないようになっているんですよ。その理由の一つとして、いまは「組成不均一」というのを考えているんです。発光層がインジウム・窒化ガリウムで、これは均一な組成というのができないのです。変なのがいっぱいあって、それが助けているんじゃないか、という仮説です。キャリアが欠陥のところに行かない理由が……。つまり、ノンストイキオメトリーが光るのを助けている、という逆の理由なんです。

こういう状態は普通は考えにくいのでしょうが、マイナス要因が逆に効いてプラス要因になっている、という感じですね。

西澤――だから運がいい、ハハハ。

中村――欠陥のところで再結合すれば悪くなるのに、キャリアが欠陥のところに行かずに、欠陥と欠陥の間のところで輻射的に再結合する。なぜ欠陥のところに行かないかというと、ポテンシャルが下がった状態になっていて、局在状態のようなものができて、輻射的に再結合する。その局在準位がなぜできるかというと、組成不均一が関係しているらしいという理屈です。これは発光層がインジウム・窒素、ガリウムの三元混晶なんですが、組成不均一によってバンドギャップが小さいところができる。そこが再結合する局在状態の場になるのではないか、ということです。

西澤――だから、中村さんの場合も単なる発明にとどまらず、同時に発見になっているんですよ。

中村――ま、メカニズムについてはまだどうなるかわかりませんけれど……。

西澤――少なくとも現象については発見になっていますからね。

《生きもの》をつくり、可愛がるのが結晶成長だ

西澤――結晶をいろいろ苦労しながら扱っていて何が見えてくるかというと、一つには可能性が見えてくるんでしょうね。中村さんもロマンティストでしょう。しかも自然科学者として大事な明るさをもっているでしょう。そうでなければ、わけのわからない一見渾沌とした結晶の世界から「何か」が見えてくることなどないと思います。

中村――結晶成長というのは、普通の人はなかなかおわかりにはならないと思いますが、生き物をつくる感じですね。ホント、生き物みたいな感じで……。常に変わっていく対象なんです。同じ条件で同じものがつくれるかというと、それがなかなかむずかしいん

です、結晶成長というのは。

西澤——結晶は可愛がらなければいけないんです。

中村——そうそう！　そんな感じなんですよ。だから結晶をつくる装置が非常に大事になるわけで、それをいかにつくるかによって、つくられる生き物が大きく変わってくるんです。

西澤——そうですね。

中村——さて、「結晶を育てよう」という点ですが、これは、ＬＥＤやレーザーという最終製品を生み出す「母なる大地」なんですが、一般の人はもちろん、デバイス関係の研究者の方々も、このミクロで多様性にあふれて、しかも多くの場合は渾沌としている世界を把握すること、理解することは、なかなかできていないのではないか、と感じています。

ま、私の場合は結晶成長というと「装置」になります。いかにその装置が私の言うことを聞くように改造するか、それによっていかに望みの結晶が成長するように条件を整えることができるか、ということですね。そこにはいくつものアイデアもあります。結晶成長という分野は、いわゆる職人的な世界ですよね、泥くさ〜い世界。何しろ相手が生き物ですから、なかなか理論通りにはいかない。装置を工夫してうまくつくって、それがいつ当たるか、という感じですね。なかなかむずかしい仕事ですね。

　装置ができたてですと、なかなか結晶の再現性が悪いわけです。それが、何度もつくって装置を調整していくと、だんだん再現性の高いよい結晶ができてくる。それはまあ一般論なんですが、やっぱり大事なのは最初の段階のアイデアなんです。それでパッといい結晶を偶然発見する、そこが重要なんです。ここはかなり偶然性に左右されるんです。でもそれができれば、どういうふうにすればそれができるかを調べて、再現性を高めていくことができる。

　ツーフローMOCVDといっても、それによって、あるたまたまよい条件のところによい結晶ができるんです。それを発見して、そのあと再現性よくつくっていくわけです。それが研究者の仕事ですね。

西澤――ペットを飼っているようなものですね。こういうふうなことをすれば喜ぶかな、って世話をするでしょう。こうやれば悲しむかな、って。そのうちにいいのができてくるんです。もちろん、そういうことを意識しないでも、でき上がったものを見ていると、あれ⁉と思うことがあるわけですね。こんなことがあってダメになっているんだな、っていうことがわかる。

中村――それをパッと見つけるのが大変で、それが研究者のセンスかもしれない。すぐには見つからないですからね。それこそ試行錯誤を重ねるわけです。

西澤——私の場合は結晶屋が本業ではなく、別の仕事も並行して走らせていました。初めは電気工学、そして電子工学が本業ですが、そういうことをやりながら、やはり結晶をつくらないとダメだと考え、いろいろなことを考えながらやってきたんです。シリコンについては最後のところで使ったけれど、最初のうちは、つくった結晶は、利用する研究にはまったく使わなかったのです。初めは発信機を必死で組み立てたり、感電してころげ落ちていたりしていたんですよ。結晶成長用の電源をつくるためにです。最後に結晶の研究とデバイスの研究がつながった。

いずれにせよ、具体的にトライしてみなければ新しい方法は出てこないですね。

トランジスタも結晶成長がすべてだった

西澤——ちょっと脱線するかもしれませんが、トランジスタの研究はいつから始まったか、という話があるんです。それはたぶん、一九二六年ですよ。

中村——昭和元年ですか、ずいぶん古いんですね！

西澤——リリエンフェルドというドレスデン大学の教授がいまして、ヒットラーが台頭してきて住みにくくなり、逃げ出したんです、彼はユダヤ人だったから。そしてジェネラル・エレクトリック社の研究所に入るんです。業績を上げないと待遇をよくしてもらえないこともあったんでしょうね、それで必死になって考えたのがトランジスタだったんです。しかし、その装置の名前はなかったんですが、いまのＭＯＳＦＥＴ、ＭＯＳ型電界効果トランジスタです。ああいう天才もたまにいるんですね。そして不思議なことに、実験したら、うまい具合にいったと書いてあるんです。そうすると、ベル研究所のトランジスタ特許は成立しないはずなんですね。実際、成立しなかった特許が相当出たと言われています。

そのことを知っていましたから、私がベル研究所に行ったときにそのことを取り上げて、ちょっと聞いてみたんです。そうしたらね、「なに言ってんだ、米国ではうまくいかなくても、うまくいったように書くんだ」って言っていました。そして、リリエンフエルドだって、うまくいかなかったのに、うまくいったと書いてあるんだ、って言うわけです。だいたい、あのときにトランジスタができているはずないじゃないか、って言うわけですよ。できそうなものなら特許にしていいんだ、というのが根本精神であるという説明でした。

中村——なんか、いい加減な感じですねえ。

西澤——要するに、まったくできそうにないことを特許にされると困るから、そういう手を打ってあるんで、だいたいできそうだと書いてあればいいんだよ、と言うのです。そこで「審査官が見にきたら困るじゃないか」って言ったら、「そんなの簡単だよ、今日はうまく動かないけれど、このあいだはうまく動いた、と言えばいいんだ」と言うのです。日本人はそのあたりは妙に生真面目なんです。

いずれにしても、その程度であって、リリエンフェルドがきちんとアイデアを出して特許にした。それが昭和元年、一九二六年です。そのあと、マービン・ケリーがベル研究所の副所長になった頃に、もちろんその特許を知っていたんでしょうが、ベル研究所の会議で半導体で増幅する時代が来る、真空管の時代は終わるだろうといってプロジェクトの設定を許可されたのが、昭和一一年、一九三七年です。その間一〇年間、せっかくの着想が寝ているわけですけれどね。

それでやったんですが、全然うまくいかないんですよ。一一年間失敗を続けさせていた。ショックレーはそのときの初めからいるわけですよ、MITで博士号をとって採用されて。バーディーンもね。そして結局、最後にいって、ショックレーは軍研究に貢献しろと言われるんです、しかも彼は有名なナショナリストですからね。

当時、レーダーが日本を出て地球を半回りしてかなり高性能化していた。大型の航空機かそれとも小型かといったこともわかってきて、そのために必要なのがパルスの幅を狭くすることだったのです。その短パルスを検出する必要が出てきたんだけど、真空管は使えずにダメだった。そこで半導体だということになって、それならベル研究所に半導体の研究をしているグループがいるということで、ショックレーたちに動員命令が出るわけです。

中村――なるほど、そういう流れですか。

西澤――このあたりが日本とアメリカの違うところですが、そうして研究をしているうちに、どうもさっぱり理論と合わないということになった。調べているうちに、半導体の中に抵抗があって、そのために違いが起こっているようだ、ということになった。そこに電圧が食われているんじゃないか、ということで、針をもう一本突っ込んで、電圧がどんなふうに変化しているのは測定してみたのです。これがショックレーの第一報です。このときに、ポテンシオメーター（電位差計）で電圧をかけて、電流がなくなるときの電圧を読み取るわけです。いまではポテンシオメーターなんてなくなっちゃったわけだけど。

ところがドジをやって、電位差計に与えておく電圧を少し間違えたんじゃないですか、最初に相当大きな電流が流れて、とたんにメーターが大きく振れたんです。そこから増幅しているということがわかった。一九四七年の一二月一六日で、一週間ほど確認実験にかかって、二三日にベル研究所のトップたちに成果を見せたわけです。そこで「半年間、所内でも秘密にしろ、また一年間は新聞記者たちに秘密にしろ」という決定が下され、その後は皆さんよくご存知の展開になるわけですね。

中村――その半年間というのはどんな意味があるんですか。

西澤――そこです。では、この間にベル研究所は何をやったというと、急速に研究を拡大し、また特許をとった。その研究というのは、結晶についての研究が主なんです。それまでできなかったのは、蒸着なんか使っていたからです。要は、いい結晶ができるようになって、ようやく電子デバイスとして使えるようなものになった。ベル研のグループにファンという中国人の結晶屋さんがいて、彼らがよい結晶にしようということでいろいろな工夫を凝らして、それが育ってきて初めて成功したのです。だから、結晶技術が非常に重要だということが、そこで初めて認知されたんじゃないでしょうか。

中村――ショックレーのトランジスタ成功の時点で、すでにきちんとしたシリコン半導体の結晶成長技術ができ上がっていた、ということですか。

西澤――だいたい、それまで真空中で結晶を育てるなんていうことは、誰も考えもしなかったのです。我々の大学にいた佐藤知雄先生なんていうのは、向こうから招待されて早速見に行って、透明な石英管の中でつくるのを見てびっくりして帰ってきたのですから。そんなにお金をかけて結晶を育てるなんて、まったくセンスがなかったんですね。
中村――要するに、昔の汚いるつぼで結晶を育てていたっていうことですね。
西澤――だから「結晶工学」という言葉が生まれたのがその頃なんですね。ただ強調しておきたいのは、この分野は二〇世紀が終わっても研究は終わっているわけじゃなくて、まだまだ調べなければならない材料がいろいろ残っている、ということです。つまり、膨大な未知の領域が残されているというわけです。
中村――地球上だけ見ても、ありとあらゆる結晶物質が手つかずのまま残されているわけですからね。

エピタキシーの登場

西澤――結晶成長技術の一つであるエピタキシーが登場したのは、ジェネラル・エレクトリック（GE）社においてなんです。そこにダンラップという人がいてね。それまでは削ってばかりいたんだけれど、その人が「積み上げるほうを研究しようじゃないか」ということを言い出して、エピタキシー技術に取り組んでいったんです。でも、GEはその価値が十分にはわからなくって、そのグループは解散し、ダンラップはクビになっちゃったんです。その部下がマリナスという人で、イタリア系アメリカ人。それがIBMに移っていって、仕事をほぼ完成させたのです。

中村——エピタキシーという技術のポイントはどこにあるのですか。

西澤——ある結晶の上に、同じ結晶を連続的に育てる、ということです。だから、例えばサファイアの上にシリコンを育てるような場合は、ヘテロ・エピタキシーと呼ぶわけですね。正常なエピタキシーじゃないから。ガリウム・ヒ素の上にガリウム・ヒ素を積むのがエピタキシーだけど、要するに、結晶の乱れがあまりない状態でつながるようなものであれば、いい。そのうちに、今回ノーベル賞の受賞理由になったようなクレーマーの仕事などが登場してくるわけです。格子のマッチング、格子寸法が近ければいいんだ、ということがわかっていく。だけれど、最初はあくまでも同質の結晶を連続的に育てる、ということにエピタキシーという術語が使われたんです。ギリシャ語からとった言葉ですね。

中村——そうですね。エピタキシーは確か、エピが「外側へ」という意味で、タキシーが「かたちをつくる」というような意味ではなかったかと思います。ただ、いま西澤先生がお話しになったことと、私が窒化ガリウム結晶をつくったこととは、まったく違うわけです。何しろサファイアの上に窒化ガリウムを育て上げたわけですから……。

　違う結晶の上に新しい結晶を育てるわけですから、昔の方法とまったく違うわけです。だから、ヘテロ・エピタキシーでつくった結晶で製品化まで行ったというのは、私の場合がおそらく初めてのケースなんでしょう。だって、結晶自体はボロボロでしょう。そんな結晶で発光ダイオードをつくったなんて初めてなんです。それなのに非常に明るく光って、しかも寿命は長いですから、いわば常識破りなんですね。

　皆さんが窒化ガリウムの研究をされなかったのは、すでにお話ししましたが、普通のエピタキシーをするような基板結晶がなかったから、ということなのです。シリコンカーバイドかサファイアを使うわけですが、むちゃくちゃな格子不整合があるわけです。エピタキシャル膜はボロボロなんです。だから誰も期待していなかったんですね。ブルーでよく光って、しかも寿命の長いＬＥＤができるなんて。でも私がやってみたら、たまたまできちゃった、ということなのです。

　昔からの考えで行けば、そんな状態でできるわけはないんですね。でもできちゃった。今度のことで思うのは、本当に結晶というのはよくわからないですね。実際につくって、デバイスまで仕上げてみないと。

西澤――まったくその通りですね。私は完全結晶を目標にしていました。もちろん実用上でも、実際に集積回路などをつくる際に必要だったこともあります。でも「理想を追う」というところが中村さんと共通していたところですね。

中村――それは、ホモ・エピタキシー、つまり窒化ガリウムの基板があればそれがよいことはわかっています。シリコンカーバイドやサファイア基板によるヘテロ・エピタキシーよりずっといいはずであることは……。だからいま、窒化ガリウムの基板づくりがいろいろなところで行われています。その場合、窒化ガリウムのバルク結晶（かたまり状の結晶）をつくる必要があるわけですが、これが大変むずかしいんです。ダイヤモンドの結晶をつくるよりさらにむずかしいんです。超高圧・超高温状態がいるんです。だからダイヤモンド合成よりさらにむずかしいんです。そういう世界です。みなさん理想を求めて、そっちの方向に研究を進めています。

西澤――それもこれも、窒化ガリウムで明るいLEDができるんだ、という実証がなされたからこそ、なんですね。これを忘れちゃいけない。私は、窒化ガリウムの結晶づくりは、物理的なアプローチよりも化学的なアプローチのほうが合っているんじゃないか、とにらんでいるんです。化学的な合成法のほうが……。ダイヤモンドだって化学反応でつくっている例がありますからね。東海大の広瀬洋さんじゃないけれど、アルコールをうまく燃やせばダイヤモンドができちゃう、ということがありますからね。

無責任な言い方になるかもしれませんが、きちんとやれば、ダイヤモンドだってかなり大きなものがいずれはできるようになるんじゃないかなあ。昔、レーザーって人工のルビー結晶で研究していたんですね、メイマンが最初にレーザー発振に成功したんだけど、それが人工のルビー結晶だった。あの赤くきれいな大きなルビーの棒が一本いくらしたと思いますか、当時の値段ですが、たった一七ドルだったんですよ。

中村——ええ、たったの一七ドルですかあ?

西澤——そうなんです。ただ宝石用のルビーになると高いんです。カットの費用も高い。笑い話ですが、こんなルビーの棒をプレゼントされたら、女の子は喜ぶでしょうね。値段を聞いたらびっくりするでしょうが、ハハハハハ。

観察力がすべてを決める

西澤——話をもとに戻しますが、結晶を大事大事に育てるとはいっても、自然の中にはどうしても育ってくれない結晶もあるわけですね、窒化ガリウムのように。そんなものを相手に研究をしているわけですが、じっくりしっかり見ていると、あるとき変な端緒がヒョコッと現れるんですよ。変なものが出たときに、これは何だろうと思って攻めて行くときに、初めて道が開けるんですね。

中村――観察力の差ですかね、そういうものをつかむかつかまないかというのは。よく見て、変な結果が出たとき、それをいかにいい方向にもっていくかを考える。そして実行する。観察力は非常に大事ですね。

西澤――中村さんの場合も非常に観察力が鋭かった。できたものだけでなく、できる過程もきちんと観察していた。

中村――何度も言いますが、ウチの結晶というのは、できたものを普通の測定装置で測れば悪い結晶なんですよ。他のところでつくられた結晶のほうが、従来の結晶という考え方からすれば、そっちのほうがいい結晶なんです。X線回折像にしたって、断面TEM（透過電子顕微鏡像）だって、原子間力顕微鏡で表面原子を一個一個見たって、ウチのほうが悪い結晶なんですよ。でも、これでLEDや半導体レーザーをつくると、ずっとよく光るんです。

ツーフローMOCVDでそれを私がつくったわけでしょう、しかもそれでできたものは、せいぜい他所でやっている結晶とどっこいどっこいの結晶ですよ。従来の結晶評価というものさしで見ればね。でも、それを「いい結晶だ」と判断したのは私のセンスなんですよ。もっとざっくばらんに言えば、いい結晶だと勝手に決めつけるわけですよ、私が。つくる過程をみて、またいろいろ調べて、あとは直感で「これはよい結晶だ」と決めつけるんです。そこでデバイス構造をつくってみたわけです。

西澤――決めつけると簡単に言うけれど、それは簡単じゃないわけでね。やはり天才……。

中村――もちろんです。それは、過去にガリウム・ヒ素やいろいろな結晶成長をやっていましたから、経験と勘だけは負けないものがあった、ハハハ。それに頼って、というより自分の五感を信じて「これはいい」と決めつけたわけですね。最初の段階では、私の実験室には、結晶を評価する測定装置なんて一つもなかったんですから。ただあったのは、ホール測定装置、あとはフォトルミネセンス、そしてX線くらいですから。その三つの測定だけで「こいつがいい結晶だ」と決めてったわけです。

西澤――昔、四〇年前に半導体研究所を設立したとき、確か七〇〇万円くらい残ったのかな。何買おうかということで、私は光学顕微鏡を購入させたのです。ところが電子顕微鏡がいい、という所員がいた。でも私は「あれは四畳半のなぎなただ」と言ったんです。狭い場所では、長いなぎなたは振り回せないから。

　ま、助けてくれた人がいて、両方買えたんだけど。でも、三年たって、電子顕微鏡はどれだけの時間、研究者に使われ、どれだけの成果が上がったのかと調べてみたら、まったくのゼロだったんです。一方、光学顕微鏡のほうはガタガタになるくらい使われて、論文も一〇編以上書かれていた。そういうもんですよね。だから、初歩的な道具だからダメだ、というのは大きな間違いなんです。

光学顕微鏡を買うとき、どこの製品を買おうかと検討していたときですが、当時の日本光学（ニコン）がまだちょっと伸びていなくて、オリンパスもかなりよかったんだけど、結局、ライヘルトというオーストリアの会社の製品を買ったんです。当時の最高級品を買ったんです。これはいまだって、時々使っていますよ。だから、光学顕微鏡だって結晶研究に十分役に立つんです。

中村——先生のおっしゃる通りです。光学顕微鏡というのはちょっと見ればすぐにわかりますからね。私の場合も光学顕微鏡はいちばん役に立ちました。あとの測定装置は時間がかかりますから。

西澤——あとになって聞いた話ですが、フランクが、結晶欠陥の研究をする人は、サーフェイス・モルフォロジー（表面形態学）を研究しなければいけない、と言ったそうです。こっちはそんなことを知らずに表面のかたち、形態を見ていたわけですが……。表面形態学というのは内部の欠陥が表面に出てきたところをつかまえるわけです。つまり原子レベルの転位が表面に出てきて、拡大されているわけですから、それを観察すれば、内部の様子をある程度推定することができるというわけですね。

中村――表面から下を想像するわけですね。そういう点で光学顕微鏡は結晶を評価する上でたいへんよい測定装置なんですね、フィードバックも速いし。他の装置は時間がかかってしまうから。

西澤――普通の結晶屋さんでも光学顕微鏡を使っている人はたくさんいます、もっとも電子顕微鏡に行っちゃった人もいるけれど。それは、ある程度光学顕微鏡でよく調べて、その中で一部を細かく見たいというときには電子顕微鏡はすばらしい装置です。でも最初のうちなんて、光学顕微鏡でなければ絶対にうまくいきませんよ。そうじゃないと、葦の髄から天井をのぞくことになってしまうから。

「何を見るか」がなければ、何も見えない

中村――いま、アメリカにいるでしょう。そこで、原子間力顕微鏡（ＡＦＭ）を使うと原子レベルで結晶表面が見えるわけです。それで先生も学生も結晶の評価をしているんです。それは、試料を用意してから観測結果が出るまでにかなりの時間がかかるんです。そんなとき、私は「光学顕微鏡でええ！」と言うんです。それでわかる、って。

観察して次のステップにつなげるという点で、光学顕微鏡はフィードバックが非常に速いんで、それが重要なんです。光学顕微鏡で中までわかるという経験とか勘を養うというのが非常に大事なんです。それはフィードバックが非常に速いでしょう。でも原子間力顕微鏡だと、装置はいいし原子レベルまでわかって、物理学としてはいいんだけれど、実際にデバイスをつくるときに役立つかというと、そうはいかない。

科学研究をするにはＡＦＭなどはいいけれど、デバイスなどを考えたらフィードバックが遅すぎる。小さい部分は見えるけれど、広い範囲が見えないという欠点もある。

西澤――そう。全体の像を見たあとで、ある部分の像を見る、というのはいいんです。それを間違えてはいけない。

中村――ええ、いろんな高価な測定装置がありますから、使い方は大変重要ですね。とくにいまは。昔は測定装置の種類が限られていましたから、ある意味では自明の方法論も多かった。どうあがいたって、それしかないわけですから、そこから想像力を研ぎ澄まして攻めていくしかない、ハハハ。

西澤――測定装置を通してものを見るわけですが、何も測定装置が見ているわけじゃない、研究者自身がものを見ていることに変わりはないわけですね。同じ画像が出てきたって、問題意識をしっかりもっている人とそうでない人では、まったく別の解釈・判断が生まれてくるわけです。

今回ノーベル賞をもらったクレーマーはね、実はエサキダイオードをちゃんと見つけていたんです。もう一人、ジェネラル・エレクトリックの人でもう定年で辞めたかもしれないけれどロバート・ホールという人がいたんです。この二人は江崎玲於奈さんより早くエサキダイオードを見つけているんです。ところがクレーマーのほうは奥さんの体が悪くて、東海岸というのは湿気が多いでしょう、それでハンブルクに帰ったんです。オランダのフィリップス社がハンブルクに大きな研究所をつくって、そこに勤めたんです。

その間にエサキダイオードが発表になって、ウエブスターという当時のＲＣＡプリンストン研究所の所長が「クレーマーは似たようなことをやっていたから、同じ現象を見ているはずだ」ということで、実験ノートを調べてみたら、ちゃんとエサキダイオードと同じ特性が記録されていたのです。でも、そのそばに「原因は水だ」とメモが書いてあった。感嘆符が書いてあった、というのです。

つまり、試料に水がついたためにこんな変な特性が出たんだということで、そのまま放っておいた。しかも本人はそのことを忘れている。ウエブスターがそれを見つけてクレーマーに言ったら、彼は「有名になりそびれた」と言ったそうです。クレーマーが私に言った話なんです、これは。でも今度ノーベル賞をもらったからクレーマーも浮かばれた。でもロバート・ホールのほうはもっとかわいそうですよ。江崎さんたちのグループよりもっとずっと膨大な実験をしているんだから。彼が言っていたことは「残念ながら説明がつかなかったんだ」ということ。それで公表しなかった、論文にできなかったんですね。後になっての話なんですが、実験データだけでも発表しておけばよかったというくらい、たくさん実験をやっているんです。

中村——そうなんですか。

西澤——だからそりゃあ、人間、最後は能力というか運というか、その運も能力のうちなんですね。江崎さんのグループはああいうふうにきちんと説明をつくることができたからノーベル賞を受賞した。そういうもんですよ。機械だって、それをどういうふうに使うかということと同じで、実験結果を見たって、フシアナはいるんですよ、ハハハ。これは学問だけではないですよね。イマジネーションがないんだ。

うちのところにいた助教授にもよく言ったことなんですが、豆細工（分子模型）なんです。竹ひごと豆で模型をつくるでしょう、あれでスクリューディスロケーションの部分をモデルでつくってみろ、と。いくらやっても、できないのです。そこのところのイメージをきちんともっていないと、ダメなんです。「ここのところがよくわからないんだ」と思って実験してみろ、と言ったんです。でも、なんべん言ったってやらない。私としては、先ほど述べた結晶の沈積（プレシピテーション）ができるだろうというイメージで言っているつもりなんですが……。

千川純一（現・兵庫県立先端科学技術支援センター所長）さんの仕事がやっと学士院賞を通ったわけですが、彼の実験というのは、以前の転位論者からいえばとんでもない話なんですよ。千川さんの見ているのは、エクストラ・イントリンジック・インパーフエクションであって、イントリンジックではないんだ、という人さえいるんです。外道《げどう》だ、というわけ。でも外道の転位なんてあるわけがない、ハハハ。

外道だって研究対象にしなければいけないので、よく見て、研究をやらなければいけない。そのためには、自分の頭の中の物理像に、ちゃんと正確に合わせていかなくてはいけないんです。だから豆細工でいいからつくってみろ、と私は言うんです。きわめて簡単なことをやっていない。それによってきちんとしたイメージができるのに、それをしない。しないから、的確な実験ができないし、結果を的確に読み取ることができない。フシアナになっちゃうんです。なのに、なぜそんな簡単なことをさせるのか、と怒り出すことさえある。こっちは何も馬鹿にしているわけじゃない。

中村――私の場合はブルートフォースだけで……。

西澤——いや、何らかのテイストがあって、それは大変な英知なんですよ。

天才は口で説明するのがむずかしい？

中村——過去の結晶成長の経験から学んだことはたくさんあるのですが、それをどう口に出して言えばいいかというと、正直言って、よくわからないのです。あえて言えば、結晶からいろんなことを学んでいて、それが青色発光ダイオードに生かせたということなんですが……。温かいところで育ててやろうとか冷たいところで育ててやろうかとか、温度はどうしたらいいとか。炉をどう工夫してやろうかとか。うまく行かなければこう変えてやろうとか。ホント、職人の世界です。

私のツーフローCVDというのは、結晶成長する気体状の原料を基板面と平行状に流すだけでなく、それとちょうど垂直方向、つまり基板面と垂直の方向にも、原料でないガスを吹きつけているんです。ある編集者が、素人考えではあるんですが、西澤先生のヒ素蒸気圧法とのアナロジーを指摘していました。もっとも、西澤先生のほうは静圧で、私のほうは動圧的という違いはありますが、彼は「何か似ている、一脈通じるところがある」とそんなことを言っていました。なかば強引と思えるように結晶化させるようなイメージをもったんじゃないでしょうか。

西澤——ハハハ……。実態は違いますけれど、結果的に見ればそういうことになるかもしれないですね。私も、大いに参考にして考えていくと結論に近づけるような気がします。ただ、いずれの方法にしても、その時点までの一般常識からは大きくかけ離れていた、ということは言えるんじゃないでしょうか。

中村——MOCVDというのは、むしろガスの中をきれいにしたいんです。層流といって、ガス流体が均一にきれいに流れるようにしたいんです。でも、私のやり方というのは、上のほうからもう一つのガス流を流すわけだから、乱流が生じてしまう。こんなことをして層流なんてできるはずがない。

こんなやり方はMOCVDとしては、まったくの非常識なんですね。流れをきれいにするんじゃなくて、逆に流れを汚くしているんだから。だから、たとえ私と同じような発想をもっておられる方があったとしても、皆さん、そうしたくなかったと思いますね。私のほうは、もう苦しまぎれで無茶苦茶ですから、それができた、ハハハ。「やっちまえ！」でやっちゃった。そしたら、たまたまいい結晶ができたんです。

いまでもよく聞かれますよ。「あんなことやったら乱流になって無茶苦茶になるでしょうが……」って。で、「できるよ」って答えるようが……、均質な膜ができないでしょうが……

と、「何でなんですか」って。こんなことを考えると、私のやり方というのはすべて無茶苦茶なんです。

だいたい、結晶成長装置自体が、皆さんの装置とはかなり違う無茶苦茶なものでしょう、できる結晶も欠陥だらけでしょう。あえて言えば、こんな無茶苦茶なことをしないとブレークスルーはできない、ということでしょうかね。今年のノーベル化学賞の白川英樹先生の仕事だって、そもそものきっかけは、学生が実験を間違えて無茶苦茶なことをやったことでしょう。やはり無茶苦茶なことしないとダメな面があるんでしょうね、ハハハ。

西澤――ハハハハッ、その通りだと思います。でも本当に変なやつが無茶苦茶やると、大変なことになっちゃう、ワハハハ。昔、旧制高等学校の教授が言ってました。大学生が正解がわからずに苦しまぎれに書いた答案がおもしろい、って。

中村――変なことをやって変な結果が出たときに、そこに次につながる現象なり何なりを見つけることが大事なんですね。

西澤――そうです。だからリーダーというのは、この人には無茶苦茶をさせよう、こいつにはさせないほうがいい、と見抜いていかなくてはいけない。これは一般の会社だってそうでしょう、優れた人は筋のいい無茶苦茶をするけれど、無能なやつは本当に無茶苦茶なことをやる、ハハハ……。中村さんがツーフローCVDという無茶苦茶な手段をとらざるを得なかった背景があるわけでしょう。

中村――ええ、正直に言うと、それまでもっていたアイデアをすべて試してみたんですが、うまくいかなかったんです。かなりいろいろなアイデアがあって、実行してみたんですが。でも、これは私自身にとってもかなりの飛躍ではありました。

当時の論文をいろいろ調べてみたんですが、すべて、きれいな層流をいかにつくるか、という点で一致しているんです。そのためにガスの流れをいかに工夫するか、なすべきことが、すべてそこに集中しているんです。もう一つの流れをつくって乱流を起こすなんてアイデアはないんです。私のほうはアイデアをみんなやってしまい、追い詰められていましたから。

もう少し正確に言うと、当時の私はそうした論文は無視する、ということで進めていましたから、私自身は「きれいな層流をつくる」という概念にしばられてはいなかったのです。実際にきれいな層流をつくってできた結晶を調べるというようなことはしなかったのです。

西澤――その「きれいな層流をつくる」というのも一つの盲信だったんですね。反応すれば何らかのガスができてくるでしょう、それまでいっしょに持って行ってしまうから、接触面のガスというのはだんだん汚くなっていくんですよ。だから、中村さんのやり方というのは理にかなっているんです。

私たちの場合では、スクリューの流れをつくっていたんです。要するに、出てくるからそれを除けてしまうためには、そのまま逃がしてしまうのではなく、流れを回してやったらどうか、というわけです。入り口のところにプロペラみたいな装置をつけて、それでガスを流すんです。でも、こういうことをすると「なんだ、こんな馬鹿みたいなことをして」って、研究室の若いやつまで言うんだから困っちゃう。私はこういう理由があるから実験をするんだ、と言うんだけど、世の中は層流だ層流だ、でしょう。そうすると若いやつはみんな層流をやりたがるんです。

中村――ははあ、なるほどねえ。スクリューができるということは汚いガスが出て行くわけですね。

西澤――よくよく考えてみると、そのほうが理にかなっているわけですね。

中村――そういえばそうですねえ……。ツーフローでも汚いガスが抜けるということですね。

西澤――あとになると、その意味がわかってくる、ハハハ。やっぱり中村さんは勘がいいんです。この「勘」というの何なのか、それはわかりませんね。

中村――経験は一つの要素でしょうね。

西澤――その上で、なんとなく「これがいい」と思うんですよ……。普通の会社だってそうでしょう。たくさんの情報の中から、ポイントを的確に取り出せる人っているでしょう。でも勘だけでもない。

中村――過去の勉強期間というのは大きい。

西澤――そうしたキャリアのない人が、力のない人がやりゃあ、爆発でも起こすのが関の山でしょう。

中村――その前の一〇年間というのは、それこそきちんと一生懸命勉強しましたよ。西澤先生の論文を一生懸命読んだり、ハハハ。ブリッジマンの論文を読んだり。実は昔、西澤先生からブリッジマンの論文をいただいたことがあるんです。そこで一生懸命それを読んで、真似してみたりしたんですが、どうしても西澤先生のレベルにはいかないんです。

西澤――いやいや。

中村――いや、いかないんです。やっぱり先人にはかなわない。ただ、それだけやってもかなわない悔しさとか、そういうのって、すごく勉強になるじゃないですか。そういう下積みを一〇年間くらい積んで、そのあとに、まったく新しい自分のアイデアで今度は挑戦する。それまでは先人の勉強とか、いろいろと基礎的なことを学ぶ。テクニックも身に付ける。ほんと、ガリウム・ヒ素のブリッジマン法などもやっていましたが、西澤先生はすごいなあと思いました。いくらやってもかなわないなあ、って。

化学の視点で結晶成長を見ると……

西澤——気相反応のほうも、いろいろな中間体ができるんですね。化学反応というのはいっぺんにポンッといくんじゃないから。それを調べてやろうと思って、途中からガスを抜いて、赤外分光を調べたのです。それは簡便法としてやったのですが、結局それで相当なことがわかったんだけど、そういうときも、きちんと炉をつくりながら調べてみるのです。そうした基礎の基礎を知っているか、それとも知らないでやるかは、大違いですよ。ですから、できるだけ計測器で、しかも安い機器で測るということを私はやっているんですね。

中村——いわゆる「引き算」の計測方法ですよね。西澤先生のセンスの良さには本当に驚かされます。

西澤——お金がないからですよ。お金がないから工夫するしかない。

中村――でも、それまでは足し算足し算という計測法じゃないですか、それを引き算という方法でやることで、スパッとものの本質をつかんでしまう。先生のようなやり方は私にはできませんね、とうてい。

西澤――みんなが自分の特徴、自分が優れている部分を把握することですよ。それが自然という難解な存在を解きほぐしていく……。スーパーブライトLEDの三原色がすべて日本で発見された、ということはうれしいですね。外国でも大きく注目しているというのは当然で、発光ダイオードは一目瞭然、目に見えるわけですから。

中村――これはわかりやすいですよね。英語で書かれた一般書だって出ていますから。トランジスターは目に見えないから、ちょっとわかりにくい面があるでしょう。

西澤――結晶成長をずっと見ていると、その相手というか、結晶というものがいったいどういうものであるのか、そのイメージは大きく変わってくるんですね。企業よりも大学で研究をしていれば、そうした根本に関わる研究がしやすいですから、どんどんクリアになってくるという感じでしょうか。これは大学の特徴で、これを生かさない手はない。

最初に私たちがやっていた頃は結晶そのものを見ながら研究していたわけですが、そのうちに、化学反応というものがあることを意識するようになる。それは分光物理学の手法でよくわかるようになる。そして、最後に重要になるのが「界面」ですよ。

界面がどうなっているのかをいろいろ調べていくうちに、原子層エピタキシーという手法がフィンランドでできて、それがちょうど私のイメージに合ったのです。だから、原子層エピタキシーの論文が出たときに真っ先に私が雑誌にそれを紹介したのです。これはたまたま科学技術庁がお金を出したものだから、「しめた！」と思って自分のところで始めることができたのです。で、この研究によって、表面の吸着層というものが何であり、どういうふうに振る舞うかがかなりはっきりしたのです。

もう少しお金を使えばもっとわかるんでしょうが、工学分野ということで、そこまでの研究資金は出してもらえませんからね、ま、限界だと思っていますが……。ですから、ここで言いたいのは、私たちは、結晶成長に関わる渾沌とした自然現象について、一つ一つコツコツと明らかにしていったということです。

中村――結晶成長というのは、原子一個一個の積み重なりが大もとにあるわけですが、それがバルク材料とか、あるいはそこまでの中間のサイズとしてメゾスコピックな世界へと結びつく。でも、私の場合は会社という組織にいましたので、ミクロな世界は非常に興味があるんですが、やはり製品という最終的なバルクに近いマクロな世界での成果が目標になります。だから、研究開発という点では、私の場合はミクロな世界の追求は全部無視した、ということです。デバイスとしてつくったときによい結果ができればいいんだ、ということです。そのためにはミクロの世界がどうなっていてもかまわない、という。会社の研究というのは、そういうものばっかりですよ。でも、今度移ったのは大学ですから、ミクロの世界まできちんと追求していきたいと考えています。

研究開発では、細かいこと、学術的なことはすべて無視しました。そっちの方向に研究を進めれば、それはおもしろいですから、そっちのほうにのめり込んで行っちゃうわけですよ、自分の性格からしても……。私は両方ができるなんて器用な人間じゃないから、ミクロな興味深い世界はあえて無視して製品化だけをめざして研究をしていたというわけです。つまり「ある大きさをもったものが、いいのか悪いのか」という基準で判断していたということです。光学顕微鏡で観察して、いいのか悪いのか、というサイズだということです。原子間力顕微鏡（ＡＦＭ）のレベルではない、ということです。

西澤——そこでいちばん大事な点は、既成概念にとらわれないことをやらざるを得ない、というところです。そこのところが、最近のノーベル賞が比較的応用分野での仕事に対して贈られるようになってきていることと符合している。ここは大事な点です。

中村——結晶学、材料科学というのは、これだけ科学技術が進歩したといわれる世の中にあっても、いまなおやり残したテーマが山ほどある不思議で広大な研究分野ですね。

バルク結晶の純度にしたって、シリコンでようやくイレブンナインなんて言っているけれど、バルク材料の原子の総数は一〇の二三乗個ですから、まだまだ膨大な不純物にまみれた世界でしょう。縦・横・高さに一〇〇〇個ずつ豆を並べてキューブをつくって、ようやく一〇億個で、そこに一個だけ不純物が入っている状態で、ナインナイン。理想のモデルと現実との乖離はなお大きいわけですね。しかも、そこまで行かないような材料、いまだ手つかずの材料が膨大にある。ただ、それを攻めていく方法は泥くさいものしかないけれど……。

西澤——泥くさいから研究はおもしろいんですよ、ハハハ。よく知らないけれど、生物学だって本当の部分は泥くさいわけでしょう。その泥くさい部分をきちんと明らかにして、そこから普遍的な真理に迫っていく。

でも、そのやり方においては、多様性と例外に満ちた現実があるわけで、そこを無視してきれいなかたちだけを追いかけていくと、いつのまにか自然がどこにあるのかわからなくなっちゃう、という危険性がありますよね。ゲノムはゲノムでしょうが、典型的なゲノムなんてものが存在するわけじゃあない。そこをきちんと押さえた上で、科学を進めていかないといけない。自然そのものをきちんと見る生態学のような学問がそれですね。東北大学は生物学でもそうした部分が強いんです。ただ、生態学だけに居座るんじゃなくて、新しい技術、新しい研究手法をどんどん導入していかなくちゃいけない。

これは日本のおかしなところなんですが、すごくきれいか、すごく伝統的というか、両極端になぜか走っちゃうんですね。これはどっちかわからないけれど、研究領域を狭くするから極端に走っちゃうのか、あるいは極端に走るから研究領域が狭くなっちゃうのか。日本人は本当にそういうところがあると思います。

第五章　創造的であるために

西澤潤一×中村修二

創造的人間を育てる

いまなお創造的な人が排斥される日本

西澤——最近はずいぶんと「創造性」ということが言われるようになりましたが、でも、まだまだ、ずいぶんひどいと思います。人のやっていないことをやるのが研究なんですよ。それを、誰かがやっていることをやるのが研究だと思っている人が多いんです。

中村——そうですね、そういう人がすごく多いですよ。

西澤——最近だって、これはおもしろいな、というような研究費の申請がほとんどないですもの。それから、評価をするほうを見ていると、たまに外国でやっていないテーマが出てくると、いい点数をつけないんです。ところがいまアメリカで盛んにやっている問題だということになると、いい点をつけてしまう。

大学関係の研究費でも同じで「アメリカでやっている」と書けば通りやすい。これって、四〇年前から言われている笑い話なんですね、それが二〇世紀も終わって二一世紀が始まる今日においてすら、なお日本では昔話になっていないんです。これは本当に由々しき事態です。

中村――その話は、日本の大学の先生からよく聞きますね。研究申請を書くとき、人がやっていないことを書くとみんな落とされてしまう。アメリカでやっているよ、と言うとすぐ通るそうですね。二〇年前より悪くなっているんじゃないですか？　どうしてそうなるんだろう。やはり審査する人、決める人に問題があるんじゃないですか。誰が審査しているんですか、西澤先生ならよくご存知なんじゃないですか、ハハハハハ。

西澤――ハハハ、残念ながら私は少数派なんです。我々が点数をつける人やテーマが通らないんです。これはあんまり言うと誰だかわかっちゃうけど、私はあまりひどいと思ったから「今日通った研究のテーマのうち、アメリカでやっていないものは一つもありませんね」と言ったことがあるんです。そしたら、その先生、真っ赤になって怒り出しちゃったんです。これ本当の話ですよ。

中村――へえー、そうなんですか！

事後評価制度を導入すべし

西澤――だから、相当な先生方が集まって決めるものでさえ、そうなんですよ。私がいま、死ぬまでにどうにか実現させてやるんだと公言しているのが「事後評価」なんです。研究が終わったあとに、きちんと評価をやるんです、いまはやりませんからね。あれはどう考えても非常にまずいんじゃないかと思う。研究費をもらいさえすれば、あとは野となれ山となれ、では困るんで、そのあとに頑張っていただかなくてはいけない。

だから、終わった後に評価すれば、いまの事前評価よりももう少し正当な評価はできやすいわけですね、理屈から言って。こういうふうな評価をすれば、誰が研究としてよくやったかとか、審査委員は誰が的確に判断できたかとか、いまよりはっきり出てくるでしょう。そして、高い点数の審査委員の人に次の評価もしていただく。そうしたらいいじゃないか、と言っているんです。でも、なんとしても実行してくれないのです。

事後評価というのは、どんな人でも、事前評価よりは正確に点をつけやすいですからね。

中村――それは大きな前進になりますね。

西澤――それから、たとえば三年たって評価が改まった、というようなケースもありますから、そのときには、もし評価が五点上がったのであれば、三年分をかけ算して、一五点、その研究者と評価者に加算してやればよい。そうすれば、不利益処分に対する穴埋めになりますからね。それから、あとになって評価が上がるというのは、そうとうな大仕事ですよ。だから、さらに加算してもよい。そんな提案をして、何とか具体化していこうとしているんです。そうじゃないと、馬鹿みたいなものだけしか評価されないことになっちゃうから。要するに、評価者の持ち点制度なんです。

中村――それはいいですね、そうしないと、ユニークで優れた研究テーマの申請が通りませんものね。不思議でしょうがないんですけれど、本当にいい研究費の申請が通らないですね。

西澤――それと、限られた額でいいから、創造的な研究者だけにうまくお金がいくような仕組みがないわけではないんです。特定の人に責任をもたせて、その額だけはその人にすべてをゆだねるということです。ただ、これを実行するのは非常にむずかしい。とくにいまの日本の状況では。

かつて、田中真紀子さんが科学技術庁長官だったときに、呼び出されたことがあるんです。多くの研究費を予算化していただいてありがとうございますと申し上げ、こっちも大事なテーマだから一生懸命やっていることをいろいろ話し、そのあと、これからは研究費の分配の仕方が大事なんだと申し上げたんです。そしたら「具体的にはどうしたらいいんだ」とお聞きになるので、とにかく評価能力がある人は日本だっているんですよ、と申し上げた。

そこで誰を例にあげようかなと思って、あたりさわりのない江崎玲於奈さんの名前をあげたんです。江崎さんに一〇〇億なら一〇〇億をあずけて、勝手にばらまきなさい、と。事務当局はそのときに、テーマがオーバーラップしたときだけ調整に入るということにして、やってみる。そして、数年やってみて、あの人のやり方はうまくいっている、あるいはうまくいっていないということがわかってくるから、ダメな人はだんだん降りていただく。新しい人をどんどん見つけてくる人には、どんどんやっていただく。

そういうような提案を田中さんにしたら、「江崎さんなんて権威主義だ」って言われちゃった。そこで、「ノーベル賞をとったから江崎さんを例にあげたんじゃない。基礎研究に対して、江崎さんは見識をもっているから例にあげたんだ」と申し上げたんです。でも、これはなかなか実行するのがむずかしい。実現性という点では、やはり事後評価のほうがいい。楽だし具体性もある。

それから研究期間という問題がある。いまのところ、最長で三年というのが多いのですが、あれはメチャですよ。生物をあずかっている方々は、次の研究費が切れると飼っている生物がみんな死んでしまうでしょう。だから彼らにとって、研究費がつながって継続的に研究を持続することが、たいへん大きな仕事なんです。だから、現在のやり方では、いろいろな研究費のトリックが出てきてしまうのです。ドイツの場合だと、一七年間保証されるという研究費があるそうです。

中村――ほう……、一七年間もですか！

西澤――ただし、途中で抜き打ち試験があって、ダメなものは研究費が切られてしまう。これがいいやり方だ、と私は主張するんです。そうすれば、審査委員だってもう少し性根を据えてね、審査できますよ。なんで一七という数字なのか、理由は知りませんがね。

中村――アメリカの場合は、審査する人が非常によく勉強しているな、という感想をもっています。

西澤――そうそう、そうですね。

中村――とくにDARPAといった軍関係の研究所でそれを感じました。軍関係とはいっても、審査する人は立派な学者で、同じ分野の学会に出席して自分たちも発表します。そういう人が審査しているんですね。内容を非常によく知っているんです。これに対して、日本の場合、審査委員という人を学会で見たことはないし、その人が学会で発表した話も聞いたことがない。誰が審査しているのか、さっぱりわからないんです。

西澤——わかると困るんですよ、ハハハ。

中村——それが問題だと思うんですよ。日本の場合、すべてが隠れたところで決まっている。しかしアメリカはオープンな場所で決まる。きちんとした議論を経て決まるんです。ですから、もし変な審査をしたら、学会でケチョンケチョンにいじめられるから、審査委員は一生懸命勉強するんです。本人も学会にきちんと出席するし、発表もするし……。いま西澤先生が「誰が審査しているか、わかると困る」とおっしゃったのは強烈な皮肉でして、日本は非常におかしいんですね。

西澤——それから、論文の発表時間が短いから、日本の場合、あれだけだと正当な評価ができませんよ。向こうの発表というのは長いでしょう。つまり、かなりの内容をまとめて発表するようになっているから、評価がやりやすいんですね。そうしたうまいやり方は、どんどん取り入れないといけませんね。

真のアカウンタビリティーを

中村――とくに大きな額の研究費がいくつも登場していますから、ぜひともオープンなかたちで審査を進めていただきたいですね。だいたい、日本というのは政治もオープンではないでしょう。みんな隠れたところで決まってしまうのは日本の体質のような気がします。オープンになればみんな文句を言いますし、そのことがわかりますから、当事者ももっと勉強するのではないでしょうか。

西澤――よく、安易に「一般市民に理解されるような研究を」という言い方がされます。これは一般市民を否定するわけではまったくないのですが、「一般市民の理解」というのには、どうしたって限界があるわけです。知識・経験、そこに関わってきた時間を考えれば、まったくの素人が科学や技術の内容を理解するというのは、事実上、不可能に近い。では専門家は何をするのか、何をしなければならないのか。このことを考えればこそ、市民社会において専門家の役割がますます重要になるのです。少なくとも、専門家集団の中できっちりと議論をしていることを見せなければいけない。

中村――本当にそうですね。学会に審査委員も来て議論する。アメリカでは審査委員も審査しなければならない学会に来るでしょう。そこで、発表する人のOHPを事前にもらって、それらを自分でまとめて、「こいつのはいい研究だ、これはダメだ、あれはもしかしたら予算を出すかもしれない」ということを公然と言うんです、みんなの前で。

そうすると、ダメだと言われたほうは「なぜダメなんだ！　どこに目がついているんだ」とケチョンケチョンに反論する。だから、みんながわかるんです。文句があるならこの場で言え！という感じですから、非常にオープンなんです。

だから、僕らもそのやりとりを聞いていて、あいつは予算がもらえるだろうな、こいつはダメだろうな、ということがわかる。みんなが聞いているから、予算の決まり方に納得するわけです。政治だってそうじゃないですか、大統領選挙だってみんなオープンですから。日本なら、何かわけのわからないうちに「あら、森さんが首相になっていますな」でしょう、ハハハ。こういうことですよ、日本は。日本の体質というのは、こうした点においては非常に多くの問題をはらんでいる。

西澤——いつだったか、国際学会の論文の審査会に出たことがあるのです。そしたら、チェアマン（議長）が「この論文を通せ」と言うんです。でもみんなが、なんだかんだと文句を言ったのです。すると「今年はおれがチェアマンなんだ、だからおれの意見を通せ」と言ったら、通っちゃったんです。そういうところもあるんですね。だから、判断がある程度違うというところは互いに容認していて、今回はあいつの意見を尊重しようじゃないか、その次は別のやつの意見を尊重する、といったことをやっているんですね。そうじゃなければもたないですよ。

中村――そのあたりは、個人を大事にするというか、個人から成り立っている社会なのか、それとも個人がなくて社会だけが成り立っている社会なのか、という決定的な違いがある。

画一均等主義をやめよう

西澤――そう。もっとも日本というのは、個人と社会がぐちゃぐちゃですからね、ハハハ。一番いけないのは、画一均等主義なんです。
中村――そうですねえ、その通りですねえ。
西澤――おまけに事後評価をしないから、「ブタもおだてりゃ木に登る」じゃなくて、ブタがそこら中に転げ落ちている、ワハハハハ……。そのことに対しては、なんにも責任を感じていないでしょう。やっぱり、落ちたブタもかわいそうだけど、落ちられたほうも困るんです。研究者というのは、みんなそれぞれの天分があるんだから、例えば研究はこいつだ、実用化はこいつだ、と持ち場を変えなくちゃいけませんよ。
中村――それなのに、日本は奇妙な平等主義なんですね。いざ基礎研究だ大事だ、ということになると、基礎研究に向いてる人も向いてない人も、才能がある人もない人も、みんな同じ方向に走っちゃう。走らされてしまう。基礎研究だけで科学や技術のソサエティー（専門家の社会）が成り立つはずはないのであって、教育という仕事を担わなくてはいけない人も必要になる。それは、自立した個人であれば、自分の才能がどのあたりにあるのか、自分でわかるはずですね。

西澤――それは、小学校で「かけっこ」をさせないというのとよく似ているんじゃないですかね。このあいだも文部省の会議で「なぜ、かけっこをさせないんだ！」って文句を言ったんです。そしたら、高等学校教育界の大御所が「私は子供のとき身体が弱くて、かけっこでビリから二、三番で、そのためも汚辱にまみれた。ああいうのをいまの子供に経験させたくない」って。

だから言い返した。「なら、かけっこは速いが成績の悪い子供は、いったいいつ、汚辱から逃れられるんですか？」って。そしたら、いちおうわかってくれた。でもやらせないいんだ。あれ、おかしいですよ。日本からオリンピックの選手が出なくなっちゃう。みんなが、おのおの天分を発揮して、身体のほうでも成功することを奨励しないといけない。画一均等で、ただ偏差値だけで差がつけられている。

中村――いまの日本の教育というのは、非常に問題だと思いますよ。基本的に、大学受験をめざした教育でしょう。あれをなくさないことには、どうしようもない感じですね。

私は大学受験を改革せよ、というのではなくて「大学受験の廃止」派なんです、ハハハ……。

ただ、過去を振り返ってみれば、そうした受験という過程を経ても、西澤先生のように才能を潰されないで、立派な独創的な研究者になられた方もいる……。それは、いまほど大学受験は厳しくなかったと思うんですが……。

まず型にはめなくては、個性が育つはずがない

西澤――いやまあ、私の時代でも大学受験は相当厳しかったです。でも、お金で差別されていた、という面があるのです。そういう意味では、競争者の数がそれほどは増えなかった。でもいまはみんな大学を目指しますでしょう。それも一つの要因としてあるんですね。だから、私がいまいる岩手県立大学というのは、最初からセンター試験を使わないという学部を一部につくっておいたんです。あの試験が基本的に「暗記もの」というところに問題があるんです。

それから、さて今度は「個性を大事にする」という掛け声が上がってくると、何も言わないのがいい、と思う人がたくさん出てくる。ＮＨＫの番組に「ようこそ、先輩」と

いうのがありますでしょう、その小学校の出身者で名を成した人が、母校で授業をするという番組。先日、野村萬斎さんの番組があったんです。内容は、狂言の初歩を子供たちにやらせて、最後に創作舞踊のようなことをさせたのです。それを見ていて感心したことが二つあるんです。

一つは、騒いでいた子供がいたときに萬斎さんが怒鳴りつけたことです。普通の先生が怒ると父兄は文句を言うかもしれないけれど、萬斎さんが怒鳴りつけるわけで、これにはうるさい父兄でも何も言えない、ハハハ。

もう一つは、萬斎さんが最後に出てきて、「ご覧の通り、狂言というのは、はじめは型にはめるのです。でも型にはめることによって個性が出てくるのです。どういう型にはめるかというのが長い間の伝統であって、それに基づいて躾けられるのです。それは、あくまでも個性を育てるためなんです」とおっしゃられていました。これは本当に感心しました。その通りですね。いまの日本は、個性を育てるというと、何もしないことだと思っちゃうんです。これでは、オオカミ少年、オオカミ少女になってしまう。

中村——私もそう思います。

西澤——だから、こうした経験というものをあまり馬鹿にしちゃあいけないいんです。初めのうちは、暗記もさせなくてはいけないいし、枠にもはめなければいけない。それができていくうちに、だんだんだんだんだん枠を外してやる、ということが大事なんです。それが、いまの日本はまったく逆になってしまっている。子供のときに放任しておいて、歳を取ってから枠にはめているんだから。

中村――これは聞いた話で例外的なことかもしれませんが、普通は、大人が子供や若者の手本になるはずなのに、東京の電車で、いい大人のほうが行儀が悪くて老人に席を譲らないことがあるんだそうです。かえって若者のほうが礼儀正しく席を譲るという。その人は何を言いたかったのかというと、いまの大人の中には、子供の頃に最低限の枠をはめるという教育を受けてこなかった人が結構いるんじゃないか、躾けを無視してきた戦後教育の欠点がそのまま現れているのではないか、ということでした。

西澤――エゴイズムになっちゃったんですね。かつては少し個を殺しすぎたんだけど、個を生かそうと思ったら、やはり枠にはめないといけない。社会がなぜあるかと言えば、個を生かすためですからね。そこらへんが日本はしっかりしていませんね。

科学や技術の世界というのは、全体で見れば、そうした枠がきちんとあるわけで、データの捏造なんてやったら、そもそもが成立しないから、そこは厳しく問われるわけです。きちんとしたルールがある世界だから、そこで創造性という自由が発揮できる。自由に踊ることができるんです。でも、ここのところをきちんと教えているのかどうか、どうも最近は怪しいなと思っています。

自然科学とはどういうものかをきちんと教えなくちゃいけない。ひどいのになると、原因と結果をさかさまにしているやつがいる。逆は必ずしも真ならずという論理学の基本法則があるのに。

「責任」がなければ人ではない

西澤――最近では何か事故があると引っ張り出されるんで、事故の専門家みたいになっちゃったんですが、この間もびっくりしたのは、ある大学で安全工学の授業を始めたという話なんです。授業をすれば大丈夫だ、というわけです。つまり、安全が資格制度になっちゃった。つまり大学を出るということが資格になっているんです、いまや。

これはまずいでしょう。そうじゃなくて、少なくとも、大学のレベルになったなら、どんな異常な事態に対してもきちんと対応できるという、そういう状態になっていなければいけない。だから昔から言うんで、孟子ではなかったかと思いますが「仕《つか》いして師をはずかしめず、これを士という」というのがあるんです。学士様になるということは、何か命令されたときにヘマをしない、ということなんです。だから自分に能力がないときには、人に聞きに行く、先生に聞きに行く。能力があればやる。そういうことをできるのが「士」なんです。責任をもって任せられる、ということです。ところが逆に言うといまね、これだけ覚えていりゃあ「士」をやるよ、ということになるんですね。

中村――いかにも日本ですね。

西澤――大学生になって安全工学なんて教えたら、教えることが膨大になりますよ。いまの馬鹿みたいなことで失敗をしでかしている状況を見れば、そんなこと教えたって頭の中に入らないですよね。

そうではなくて、社会に対する責任感をもっていれば、自分の仕事の中で自分で解決策を見つけて、きちんと安全対策を講じているはずなんです。私が一〇歳くらいのときのことですが、地方新聞を見ていたら、鉄道の保線区長が自殺した話が載っていたんです。理由は何かというと、大雨が降って地盤が崩れて、列車が遅延した。その責任を感じて自殺してしまった。

その理由は、保線区長として平素から見ていたのだから、ここは危ないんだとわかったはずだ。それを見落として、きちんと手を打って工事の依頼をしていなかった、これでは責任をとらざるをえない、といって自殺したと書いてあったのです。昔は、保線区長でさえというと失礼だが、そこまで責任ということを社会の大切なものと考えていた。

いまでは、大学出だってそこまでやりませんよ。だから、安全と一口に言っても、メンタルな部分が大きく違ってきているのです。

中村——社会の基本が崩れているということかなあ。

西澤——だから、そういう気持ちでやれば、自主的にやるからね、いちいち細かいことを言わなくても社会は運行するんですよ。いまは、「これを教えてやろう、あれを教えてやろう」ですから、聞くほうは、「これは教えてくれなかった、あれも教えてくれなかった」でしょう。そういうことだから、結局は実力評価ではなくなるんです。

大事なことだけ教えてやって、あとは自分でやれるような人間を、大学は育てなくちゃいけない。全部の大学では無理かもしれませんけれど、旧制の高等工業専門学校に相当するような大学では、そうした教え方をすべきでしょう。彼らが産業の最前線の責任者になっていくわけだから。十把ひとからげではなく、きちんと大学を分けて、教育の仕方も的確なものにしないといけない。一律化ですよ、日本の戦後の最後の失敗は。

実力主義がまず基本

西澤——実力主義にすれば、どんな経歴をもっていようがいまいが、その時点、その時点で、この人が来てくれればできるという人を探してくれればいいわけだから、学歴なんか関係ない。それでいいんだろうと思います。早く実力評価の世界に変えていかにゃならんのじゃないか、と思います。

中村――実力評価じゃない社会というのは、肩書きのある人にとってはぬるま湯の天国でしょうが、肩書きなしでどうにかやってやろうと考えている人にとっては、非常に生きづらい社会ですね。私は四国の田舎にずっといましたが、結局はアメリカに行っちゃった、ハハハ。私の仕事を早い段階で知った人が、ウチの上司に「世界中から引き抜きがあるだろうから、もし中村氏を会社に本当にとどめておきたいなら、先手を打っできるだけ早く、三年でも五年でも自由にアメリカにでも留学させたほうがいい」と言ったらしい。

西澤――それが本当になっちゃった、ハハハ。でも、中村さんは四国の愛媛に生まれて、大学も徳島、会社も徳島県の阿南。ずっと四国で育って教育を受け、素晴らしい仕事を四国でやり遂げた。

中村――私は遅いんですよ、いろいろな考えに到達するのが。純粋な日本人ですよ、会社に対するロイヤリティーは高いし、忠誠心をもっているから。日本人ってそういうところがありますでしょう。江戸時代の殿様と家来みたいな関係。ああいう、上の人に忠実であれ、というモラルは日本人の心の中に共通にあるんじゃないかな、と思います。だから、一度、会社に入ればずっと勤め上げるという。昔、小学校のときに教育映画を観たのですが、丁稚奉公していて、どんな苦労をしても、死ぬまでそこで頑張って勤める、それが正義だ、という教育を受けているんです。このような考え方が私の中にずっとあるんです。

西澤――ちょっと変なことを言いますが、もし一〇年前に中村先生が反乱を起こしたとしたら、誰も助けなかったと思いますね。そういう環境の中でも、最大限にできることをいろいろやられた。そしてみんなが認めるようになったわけですね。だから、そういう道をたどったというのは、ある意味でサクセスストーリーなのです。いきなり一〇年前にですよ、中村先生が突然騒ぎ出したら、誰も助けないですよ。その「実績を稼がせた」というところが日亜化学の一つの特色なんですよ。ほかの社の会長だったら、あそこまでやらなかったと思います。

中村――それは確かにそうでしょうね。そこはオーナーの偉いところですね。いまは会社を辞めましたが、青色ＬＥＤから紫色レーザーの成功まで、当時は、それこそ会社のために、誰も逃れられないような特許を一生懸命とりました。会社のために必死になって特許戦略を考え、実行しましたから。会社を辞めることがわかっていたら、あんなに強固な特許なんて出しませんでしたよ、ハハハ。厳しい特許をとったから、他の会社の人が乗り出そうと思っても、なかなか手を出せないのですよ。いまになってみれば、私個人は非常に損したというか……、ワッハハハ。

西澤——ハハハハハッ……。長い目で見れば得していますよ。

発明者と会社の関係を改善する

中村——あのパテント制度というのは何とかならないんですかねえ。特許というのは、発明者の権利って何にもないんですもの。あれは日本の大きな問題ですよね。

西澤——そうですね。

中村——アメリカなんかですと、四年とか五年で会社を辞めることになると、かなりの対価を発明者に与えるんですが、日本は会社を辞めないから、どんなにすごい発明者であっても、その発明に対する対価というものはまったく存在しない。

西澤——記憶が定かではないのですが、ベル研究所は一ドルくれるって話が昔あった、たった一ドル。ただし、待遇はよくするという話だった。ショックレーは一ドルだか一〇ドルもらったよ、と話していましたから。それでも、別格の扱いになったわけですから、会社としてはそういう処置の仕方はあるわけですね。

中村――キルビーさんはどうなんでしょうか。

西澤――さて、キルビーは自分にみんな入れちゃったんじゃないかな、ハハハ。だって社長でしょう。逆のケースもあって、ノイスたちはベル研究所にいじめられたんだけど、特許をもって会社を逃げちゃったからですね。ベル研究所で出さなければいけない特許を、会社を辞めてから出したというんです。

中村――それで許されるんですか。

西澤――そりゃあ、許されませんよ。だからベル研究所は訴訟を起こしたんだけど、結局、どうにも手をつけられなくて、そのままになっちゃったんです。

中村――ノイスの勝ちですか。

西澤――そうなんですよ。ベル研究所でやっていたのは、酸化膜を使って選択拡散をやって、そのあと、酸化膜を取るんです。ところがハーニーたちは取らなくてもよい、ということに気がついていた。そこで、みんなで逃げ出したんです。どうしてベル研究所でやっていたものをもって出たのか、というその訴訟があって、結局は、その証拠を捕まえられなかったのです。なかなかむずかしいところがあるんですね。

たぶん、酸化膜を取るほうがいいという判断が当時のベル研究所を支配していたんでしょう。誰が部長だったか知りませんが、その部長の目がフシアナだったんでしょう、ハハハ。

中村――バカな上司の間違った判断って、よくあるケースでしょう、日本の会社ではもっと……。

上司と組織の問題

中村――ところで、西澤先生と私にとって共通の人、現在、日亜化学の技師長の小山稔さんという人がいるんですね。

西澤――小山さんはスタンレー電気にいたときは、あまりやりたいことはやらせてもらえなかった、どちらかと言うと冷や飯を食わされていた感じでした。ただ私が彼と接して感じたことは、彼が哲学をもっているということです。実際、小山さんは教育の本質に関わることとか、いくつもいい言葉を教えてくれましたね。つまり、特別な思想をもっている人ですね。

その彼に注目したのが、日亜化学の会長さんなんですね。会長に請われて小山氏は日亜に移ったのでしょう。そのときスタンレーは彼を慰留しなかったらしい。いずれにせよ、小山氏の技術マネージャーとしての才能は日亜化学に移って花開いたと言っていいのではないでしょうか。よく知らないのですが、生産の面で彼がずいぶん力を発揮したんでしょう?

中村——そうですねえ、どうでしょうか。西澤先生のほうがよくご存知だから、ハハハ。

西澤——たとえばスーパーLEDを信号灯に使うなんていうのは、私が提案してスタンレー時代に小山さんが調べています。そのアイデアはそのまま日亜に移っていますから。もちろん特許の問題は別になっているから、それはそれでいいんだけれどね。小山さんが中村さんにとってプラスだったかマイナスだったか、私はそばにいなかったからわからないけれど……。

中村——ハハハ、そうですね、哲学をもっている人ですね。

西澤——たとえば普通の会社ならお金を出さないような研究に対して、彼は、これこれだからお金を出すべきだ、ということを言えるのですよ。具体的なことは知りませんが、そういう点では、ある程度の重要な貢献をしたと言えるんじゃないでしょうか。研究をしていて、救われたようなことはありませんでしたか?

中村——小山さんが日亜化学に来られたときは、会長が退いて、現社長がリーダーシップを取るようになってからなんです。日亜というのはオーナー会社ですから、現社長が研究開発についてもいろいろと口を出してくるんです。干渉するようなことがあるんです。そんなときに小山さんは、「そんなことはよくないよ、社長は社長業に専念し、研究は研究のプロに任せないといけない」ということを会社で言ってくれました。研究については、彼が責任をもって上からの干渉を遮断してくれました。言い方を変えると、研究は研究者がやるべきで、オーナーが口出しするようなものではない、という哲学をしっかりもっているわけです。そうした研究に対する哲学など、独特のすばらしい考え方をもっています。

一枚の揮毫が語るもの

中村――そういえば、日亜化学の応接室には、いまでも西澤先生の揮毫が額に入れて飾ってあるはずです。

西澤――ハハハ、あの汚いやつね、ハハハ。

中村――青色のＬＥＤができたとき、小山さんが「これは一番に西澤先生のところに挨拶にいかなくっちゃ！」と言って、一緒にうかがわせていただき、カレンダーだったか広告だったかの裏に、先生に一筆書いていただいたんですね。あのとき、出かける前に小山さんが私に言ったんです。「西澤先生は怖いから、君は一言もしゃべるなよ。僕がみんな言うから」って。だから私は、指示にしたがって一言もしゃべらなかった、ハハハ。

西澤——ハハハハハ、それはそれは……、ハハハ。

中村——怖い先生だから何か言うとすぐに怒られるから、って、ハハハ。

西澤——そんなことないですよ。あれを見たある人が「立派な色紙なんかに書いてないのが、かえってすばらしい」と言ってましたよ。「広告だかなんかの裏に書いてあるのが、かえって臨場感があって、ものを創造していったり、新しい発見をしていく現場の生き生きとした人間の息吹を感じさせる」って。

中村——実はあのとき、西澤先生が非常によろこんでくれたのに、正直言ってびっくりしました。西澤先生も青色発光ダイオードの研究をされていたでしょう、だから……。本当に純粋な研究者なんだなあ、と感動しました。だって、普通の人なら「こんちくしょう」と思うじゃないですか、先を越されたんだから。

西澤——そうじゃないですよ。私はだいたい「こんちくしょう」と思うのは好きじゃないんですよ。ここのところは誤解する人が多いんだけど、みんなが天分をどんどん伸ばしていく、ということをしなくちゃしょうがないでしょう。それなのに、妙な競争意識を入れる人が多すぎるんです。

片方じゃ「かけっこ」をさせないくせに、一方で異常とも思える競争意識をもつでしょう。こんなことは非常にマイナスが多いということを考えなければいけない。私の研究室でむしろ失敗したと言われているのは、研究者をうまくアレンジして互いにぶつからないようにしてきたことなんです。こうすると、競争心が湧かないようで、互いにバリバリ研究することがないのです。ここは俺の担当だから、というのが言い訳になって昼寝をしてしまう、ハハハ。

俗人を相手にするには逆手に出るしかないのかな、という気もするんですが、最終的には、いくら競争したっていい仕事はできっこないんですから。研究が楽しくて楽しくてしょうがない、とならなければ本当じゃないと思うんですよ。そういうふうに研究室をもっていきたいとずっと思ってきた。でも、これはちょっと理想を追いすぎたかな、と反省している面があるんです。私は、本来は競争すべきものじゃないと思っています。

中村――西澤先生の「つくられた一般的イメージ」とはちょっと違うんですね。でも確かに、先生のお仕事は、周知の目標なりゴールが決まっているテーマがあって、それを「ヨーイ、ドン」で達成したというのではなく、誰も考えていなかったテーマを新たに切り開いて、大きな足跡を残されたものばかりですものね。

西澤——また、私はよく「闘う」とか「喧嘩する」とか書かれてきたんですが、でも、こっちから喧嘩をしに行ったことはないんですよ、ハハハ。出した結果に対して、まわりが喧嘩を吹っかけてくるから、こっちも対応せざるをえないんです。

中村——ハハハハハ。

西澤——防衛戦はやらなきゃならないから……。それだけの話ですよ、ハハハ。

サイエンスという「知」

西澤——日本の科学研究でおかしいと思うのは、たとえば理論と実験とか、理学と工学とか、あるいは基礎と応用とか、何か研究を二律背反するようなジャンルにすぐ分けたがるところですね。

私自身、いわゆる純粋科学研究というものにあこがれていたのです。数学基礎論をやりたい、あるいは原子核の研究をやりたいとか思っていたんです。でも、そこが変わったのは終戦のときですよ。まわりを見てみれば、みんなやっとの思いで生きている。これからは、みんなが腹のすくような状態をなんとか解消していかなければいけない、と思ったら、やはり工学をやらなければいけない。しかも、他人のやっていない工学をやらねばいけない。そうじゃなければ、とても日本は成り立たないだろう、と考えたんです。

こうして考えてみると、自分は親父にいやいやながら入れられた工学部にいたわけで、初めて「その気」になったんです。だから私はいつも、サイエンスがヒューマニズムとくっついたときに、いわゆる「科学技術」になった、と言っているんです。

ただ、科学全体から見ますと、あれは一つの演繹なんです。つまり結論がわかったことを使ってみる、ということ。だからヒューマニズムを満足させながら、自分のサイエンスというものを世の中のために使うことが、科学技術だということですが、科学という点から言えば、自分の科学を実証していることになります。こうやったらこうなるはずだ、ということを人間生活に戻してやっているわけだから。

科学には二つあって、もう一つが帰納。つまり科学はいろいろな現象を見ることからスタートするわけですね。そして、見た現象からだんだん基本的なルールに磨き上げていく。そういう過程があるわけでしょう。最後のところはきれいな式にする、というわけで、京都学派はそのあたりを大変重視している。でも確かにそれも科学の一部だけれど、それがすべてだというのは、ちょっとまずいんじゃないかと私は思う。そうではなくて、応用からいわゆる理論的な取り扱いまでを一貫したものと捉えるべきだと思う。

中村——そのご指摘は本当に大事だと思います。

西澤——私は幸いにして、高等学校時代に『不思議の国のトムキンス』がおもしろいから読んでみろと中学校の先生に薦められたんです。創元社という出版社が科学叢書のシリーズを出していて、その中にガモフの『不思議の国のトムキンス』が入っていたんです。同じガモフの書いた本に『太陽の誕生と死』とかポアンカレのものもあった。おもしろいからその叢書をいくつも読んでいくうちに、ブリッジマンの『近代物理学の論理』に出合って、これが私の一生を決めたんです。

そこには「すべての科学研究というのは、現物をよく見ることから始まる」と書いてあった。経験だ、というわけです。それは、今日やった実験と明日やった実験が同じ結果になるとは限らない。だけど、とにかく今日はこう出た、明日はこう出た、三時にはこう出た、どこでやったらこうだったということを、きちんとやることからスタートする。その結果を突き合わせてみれば、ああ、東京でも仙台でも同じ結果じゃないか、とか、ここだけは差が出るぞ、とか、そうしたことが一つ一つクリアになっていくたびに科学の起承転結がしっかりしていくわけですね。経験から出発して整理をする段階がある。そして最後にさらにそれを定量化する。この定量化する段階で、これについてはきちんと理論式を書くということになるわけですが、そこで科学が完成する、というのがブリッジマンの論理ですよ。私はこれに非常に感激して読んだんです。
　そしたら、そのしばらく後にブリッジマンがノーベル物理学賞を受賞したんです。彼は高圧物理学の専門家ですが、そのときの新聞によれば、受賞の理由は、高圧物理学に対する貢献はさることながら、彼が『近代物理学の論理』を書いて、物理学者に根本的な拠り所をつくったことが大きな業績だと書いてありましたよ。私が感激したのはよかったんだな、と思いましたよ、当時。ハハハ。だからブリッジマンの考え方は私の学問の基礎になっているんです。
中村――私はメーカーにいて製品づくりモノづくりばかりですから。最初から基礎物理は無視。でも会社に入った当初は、物理の教科書をきちんと読んですべて理解して実験も進める、というやり方をしていました。ただ、それを一人でやっていますからね。なかなか進まないです。モノづくりができないんです。時間がないんで、だんだん無視していくようになりました。そして、モノをつくって、製品をつくって、というかたちになっていったんです。
西澤――それを基礎研究とは言わないんだけど、実はそれが基礎研究なんですね。現物をよく見るということが、ね。それは科学の基礎の基礎ですよ。この頃は経済科学だとか社会科学とか、いろんな科学が出てきて、宗教科学というものまであるらしいけど、そういう学問でも、現物をまずよく見て、そこから共通性を抜き出してくるというところはみんな共通なんですね。動物の生態学なんかでも、ペンギンを一匹一匹、詳しく懸命観察することから始まるわけです。

中村――なるほど、日本だと式できちんと説明してはじめて科学だ、という感じだけれど、いま西澤先生のおっしゃったことは案外と軽視されているかもしれませんね。

西澤――日本の科学はどっちかというと、結論だけを言う、結論だけを重視する傾向が強すぎる。そうじゃなくて、そこから出てくるものがあるはずなんですね。そこが無視されていますね。科学というのは決して固定した、決まったものだけじゃない。サイエンスという英語の語源は「知」だそうですが、まさに動的に拡大していく知の世界が本来の「科学＝サイエンス」でしょう。そこが日本の科学には少し抜け落ちているような感じがする。

中村――できあがったものばかり見ている人が多いけれど、未知の自然現象なんて、もともと「ものさし」さえないわけでしょう。

西澤――日本ではまるで図書館みたいなものと思っている。でも科学はそうじゃなくて、もっとダイナミックなものでしょう！

中村――さっきも言ったけど、自然をよく見るというのが基本ですね。自然をよく見る観察力。それにつきると思いますね。そこから何かを見つける。

業績を正当に評価する

西澤――ちょっと変な話をしますが、昔、東北大学の教養部の改革のための委員会に出たことがあるんです。それは、評議会に研究所代表として入れ、ということで入ったんです。そこでカリキュラム改定委員長の先生が、私に発言させないんです。「あなたは研究所でしょう、研究所に教育なんてわかるはずがない」って。そこで、私は研究所代表として入れという要請を受けたわけで、発言する義務がある、文句があるなら評議会に言ってくれ、と突っぱねたんです。それでも押し止めようとするんです。

この話をなぜしたかというと、大学においては、きわめて固定的な概念をもった人が多いということなんです。そして、最後に、教養部長が、今度のカリキュラムについて教育学的に見てどうか意見を聞きたい、と発言したんです。教育学部の代表がいたんですが、彼が何と言ったかというと、「そんなこと私に聞いたってわかりませんよ、私の専門はペスタロッチなんですから」と。教養部長は何も言えなかった。これが日本の学問の一つの典型ですよ、ハハハ。
中村――困ったもんですねえ。
西澤――こういうの、案外多いんですよ。つまり、学問とは象牙の塔に入れられているものだと思っている。それと、学問や教育というものを、自分たちで変えることができるんだという意識が薄弱のような気がします。制度にしても研究費の仕組みにしても、基本的には、大学の教員自身が変えうるものなのです。でも、それを変えようとしない奇妙な慣性のようなものが、大学を構成している人々の中に澱みのようにしぶとく残っている。

具体的な話をしますと、文部省のお役人は私にずいぶん研究費を出そうとしてくれたんです。たとえば科研費の特別推進研究費なんて、第一回目に私にくれようとしたんです。そのとき誰が止めたのか。止めたのは審査委員の学者なんです。あんなやつに出すな、というわけです。

私の場合は例外かもしれませんが、おそらく科研費で言えば、私がいただいた額は非常に少ないと思います。文部省の人はおかしいと思うから、どうにか私にも来るようにしてくれるんだけれど、よってたかって妨害されてしまうんです、ハハハ。だから、ライフワークができたのは、新技術事業団の研究費だったのです。

中村――学問の業績を正当に評価しないというのは、自分の首を締めていることなんで、それに気がつかないというのはどういうことなんでしょう。

西澤――仕事をやる人にはどんどん仕事をしてもらう、という世の中にしないと……。それは、外に目が行かないからこうなるんです。中だけで競争しているから。

暗記と思考はもともと両立しないもの

中村――基本的には賛成なんですが、私が気になるのは、やはり若い人ですね。独創的なアイデアとか仕事というのは、二〇歳前後という若い時代に出るケースが多いじゃないですか。でも、この年代に日本で何をやっているかというと、大学受験で暗記ものを強制されて、創造的な面を潰しているような気がする。暗記は暗記であって、基本的におもしろくないから、大学に入って疲れている。それが日本の二〇歳前後の学生ですよ。そのあとも、本当に大学で好きなこと、好きな学問を学んでいないでしょう。だから、大学から社会に出てサラリーマンになると、みんな自分のやっていることに疑問をもつんですよ。何でワシはこんなところにおるんだ、と。

要するに、好きなところに行っていないんです。仕事の内容ではなく、肩書きとかを求めていちおう大手企業をめざすでしょう。でも、大手企業に入って初めて、なぜ私はこんなところにいるんだ、と愕然とする。こういうケースを目にすると、本当にみんな好きな道で生きていないんだなあと思う。でも、そのときに気がついても遅いんです、歳をとっているから。あとはダラダラと会社に居続ける、それがサラリーマンであり、サラリーマン研究者の姿だと思います。

大手メーカーの研究所にいる人って、多かれ少なかれ、みんなこのタイプの研究者ですよ。本当は別にやりたいことがあるんだけれど、手遅れでダラダラとそこに留まっている。こういう人を知っているから、大学受験を廃止して、もっと好きな道に進めるような仕組みができないのかな、と思うんです。そのほうが、本人もずっと伸びると思うんだけど。

いや、本当に驚くのは、いまの日本の会社の多くは、「やりたくないことを仕方なくやる、それが会社だ」という異常な論理が隅々まで行き渡っていることですね。このことは、その仕事が好きでたまらない、この仕事が好きだからこの会社に入ったという人には、たぶん想像もつかない話でしょうが、そういう幸福な人は、ぜひ一度まわりの人に聞いてみたらいいと思います、ハハハ。

西澤――暗記ものということで話すんですが、端的な話が数学なんです。私は「数学は暗記科目だ」と聞いて飛び上がったんです。そりゃあ、どんな学問だって最初は暗記ですがね、数学っていうのは、暗記の部分がいちばん少ないでしょう。数学のおもしろいところは思考ですね。それなのに、数学が暗記科目に入っている、というんです。子供に聞いてびっくりしたら、先生までそうおっしゃっているというんです。それでいろいろな人に聞いてみたら、みんな「そうだ」っていうんですよ。

人間は「考える」っていう天分がありますからね、だから問題を見ながら考えているわけです。ところが考えていると記憶力が落ちるんですね。つまり、記憶のほうに抑制をかけているわけです。逆に、記憶するときには考えるほうに抑制をかける。脳ミソの中の話です。

例が適当かどうかわからないけれど、私の秘書に非常に有能な女性がいたのです。でも一つだけ欠点がありまして、電話をかけさせているときに、私が間違えたことを言ったのに気づいて、後ろからちょっと、と言って訂正するわけです。要領のよい人なら、こっちの話を片耳で聞いて、すぐに訂正して対応するわけだけれど、彼女の場合、それが伝わらないのです。そこでだいぶ大きな声で言ってね、そうすると電話を切って「先生なんでしょうか」と問いかけてくる。つまり、過度の集中力がある。だから優秀なんです。

生物としての人間は、もし餌を食べるときこれほど集中していたら、後ろから外敵に襲われて食べられてしまったでしょう、ハハハ。だから注意力は適当に散漫なほうがたぶん普通なんですね。これと同じで、考えることと記憶することは、適当に散漫に、今度はこっち、次はあっち、というほうが自然なんです。

ところがいまは、それを抑圧するようなかたちで成功している人がいっぱいいるんです。記憶を最優先させて、考えまい、考えまい、という一つの精神的努力を、成長期に強制しているんです。こんな教育ですから、大人になっても考えることをしない、考えなくなっちゃうんです。これは相当に深刻な事態ですよ。

中村——いまの大学はそういう人ばっかりのシステムなんですよ。

西澤——だから学歴主義で資格主義になってしまう。偏差値が高ければ何でもできると思っているわけです。会社にもいっぱいいるでしょう、困ったのが……。だから、そのへんのことを見直さないとダメじゃないかと思う。「考える」ということはどうしても必要なのです。事故が起こるときだって、考えなければならない。

「よく考える人」を超一流の大学へ入れよう

中村——だから「よく考える人」っていうのは、現在の大学受験では、いわゆる超一流の大学にはなかなか通らないと思いますよ。

西澤——そうなんです、そこが問題なんです。ビリでも通れば何とかなるんですよ。我々の時代には、それでいったんです。

中村——おそらくそうでしょうね。昔は、よく考える人でもどうにか滑り込むことができたんじゃないか、という気がします。いまでは、そういう人は全体に入学試験に通らないでしょうね。だから数学が暗記科目になっちゃう。

西澤——そういうことです。そこを早く変えないといけない。だいたい外国人の方がそれを心配しているくらいですから。どうして日本人はこれほど急速に能力が低下したんだろう、って。戦後の新制教育を受けた世代からは、創造的な仕事が非常にわずかしか出ていないから。中村先生が出てきて、やっと少し面目が保たれたくらいで、ハハハ。だから、考えるという訓練をきちんと教育体制に組み込むことを早くしないと、本当に国が潰れてしまいますよ。

中村——私は少し幸いなことに、共通一次試験より前の世代なんです。ま、共通一次試験のあとというは、もっとすごいらしいけど……。要するに、「考える」という段階を踏むということは、外から見れば、一見トロいわけですね。

西澤——でも最後になれば力が出てくる。
中村——そうそう。
西澤——クリエーション（創造）というのは考えなければ出てはきませんよ。パターンを一生懸命憶えるんだけど、そもそも、そうした記憶では対処できないようなことが起こるのが、いわゆる事故なんでね。そんなときに考える訓練をしていない人ばかりだから、ただオドオドするばかりで的確な判断をくだすことができない。こうした甘い環境でもどうにか進んでこれたのは、日本が世界一の豊かな社会になったという背景があるかもしれませんけどね……。
中村——ただ、いま日本の経済は最悪でしょう。私は、この奥底にあるのは、こうした「考えることの欠如」、社会や会社や組織の中で考えて問題の対処をしてこなかったという習慣じゃないかな、と睨んでいるんです。将来を見ても、かなり暗いんじゃないですか。いちばんの原因は、教育の仕方が悪くて、創造性を育てようとしないこと。どう考えても、日本の将来にとって重要なファクターは製造業だと思いますが、台湾や韓国がどんどん追いかけてくる中で、日本がしなければいけないのは新たな発明による市場開拓なんですが、それがなかなかできないでしょう。いまの不景気の遠因はそんなところにあるのでは。

西澤――そうでしょうね。

中村――日本人自身も外国人も、日本の将来についてはかなり悲観的に見ているんではないでしょうか。

創造的な人間にさみしい思いをさせるな

西澤――残念ながら、構造的な問題があるんですね。だいたい、金融業を立て直せば何とかなるんだと考えている人がたくさんいるんですから、ハハハ。もっとも、金融の世界だって創造性を発揮できる部分って、きっとたくさんあるんでしょうね、私は知らないけれど。きっと優れた人材はいるはずで、おそらく真剣に考えている人は、たぶん変わり者なんじゃないかな。日本というスタンダードから見ればね。創造的な人っていうのは、きっとどこか発想なり考え方なり、自然というか現象の見方がちょっと違う。いわゆる一般的なその他大勢からすればね。でも本来は、そういう見方のほうが自然だっていうことがあるんです。

中村――そうですね、少なくとも「考える能力」の高い人たちを、社会や会社や組織の構成員としてかなりの数を確保しておかないと、たぶん惨めなことになると思いますよ。

というのは、よくよく考えて判断していくという人は多くないから、というよりほとんどいないから、あるときは不安になったり、一人でさびしくなったりすることもあるんじゃないかなあ。

西澤——不安なるがゆえにいろいろ考えるんじゃないですか？　実験だってそうですよ、不安なるがゆえに、いろんな方法で調べるんです。それをやらないで不安がっていたってしょうがないんですよ。

中村——そうですね、確かにそうですね。不安を通して自分を追い込んで行くというのは大事ですね。追い込むから人間は考えるようになりますからね。

西澤——何も感じない者が木に登ったってダメですよ、ハハハハハ。

中村——そうですね、崖っぷちに立ったら、みんな何か考えますよ、ハハハ。

西澤——ある意味で言えば、崖っぷちに立たせるようなことをしないで、みんないい子いい子でやっているのが現在でしょう。でも実際には、我々はいま、崖っぷちに立っているのに。

中村——それを感じられる人が非常にわずかしかいないという悲喜劇。いわゆる優秀な人たちは自分では絶対に崖っぷちに立とうとしないから、まったく話にならないんです。アメリカに行ってよくわかったんですが、向こうの学生で優秀なやつは、みんなベンチャー会社を立ち上げたくてしょうがないんです。

つい最近、博士課程の学生を四、五人採用したんですが、そのうちの三人は「いずれベンチャー会社をやりたいから、この研究室に来ました」と言いましたから。彼らは全米でも二〇～三〇人に入るという優秀な学生ですよ。こういう優秀なやつがみんなベンチャー会社をやろうとする。それは、独創的なアイデアを生かすという点では、ベンチャー会社のほうがずっとやりやすいから。ようするに、一般常識からすれば無茶苦茶な変なアイデアだから、大会社に入ったって採用されるはずもない。だからベンチャーに行ったり、自分で会社をつくろうとする。

翻って日本を見れば、一八〇度違うでしょう。成績優秀な学生が行くのは大手企業。大手企業は崖っぷちの反対だから。でもベンチャーは明日からの生活さえ保証されない。それでもアメリカの優秀な学生はそこに飛び込んでいく。このように、日本とアメリカでは発想がまったく違いますね。ここの違いは、本当に大きい。アメリカに行ってそのことを改めて痛感しています。その違いは教育のシステムの違いじゃないかと思っています。

西澤――その点でいえば日本はまだ封建時代ですよ。

中村――そうですね。もちろん、アメリカの製造業はヘタですよ、いろんな人がいるから、ハハハ。何か仕事をあずけると無茶苦茶なものができてくる。品質管理の世界なんて、もうひどい。ただ最近はよくなってきたと言いますが、同じような人間だけでグルグル回している日本にはやはりかなわない面がある。ただ、単純な製造業というのは誰でもできる面があって、だから途上国の躍進が可能になったわけですね。だから日本が不景気になっちゃった。

第六章　夢は地球を駆けめぐる

西澤潤一×中村修二

技術の夢を語ろう

北極海に光ファイバーを！

西澤――今日の午後は、日本とロシアで共同研究をやろうという話の会合に出るんです。ただ、両方ともお金がないんですね。

中村――ロシアはお金ないですからね。

西澤――日本もそうだけど向こうはカラッケツでしょう、だからうまくいくはずはないんですけど……。私が言っているのは、北極海の下に光ファイバーを敷設させろ、ということ。北極海を使えばロンドンまで一万キロ。すると無中継でつながるんです。

中村――無中継で日本とロンドンがつながるんですか。

西澤――実際、私が光ファイバー通信のアイデアを発表したら、イギリスはバーミンガムとロンドンの間を光ファイバーで結ぼうとしたんです。そういうところはすごいですね、イギリスは。ただ早すぎて失敗しましたけど。結果としては、ロンドンから出発して、地中海を通って、インド洋を通って、香港にもってきて、香港から千葉につないで、千葉からアリューシャン列島沿いにアメリカにもっていって、アメリカ大陸を横断して、そこからイギリスにもっていったんです。地球のまわりをぐるっと光ファイバーで巻いてしまったのです。

こうして情報をいち早く自分の手に入れよう、自分の言いたいことをいち早く言える体制をつくったのです。これをやったイギリスという民族はすごいと思いますね。つまり、私は前からアリューシャン列島沿いに光ファイバーを引けと言っていたんですが、お金が集まらず、結局はトヨタと伊藤忠がお金を出してイギリスが実行したわけです。それでちょっとシャクにさわったから、イギリス人のいる前で、北極海を通したらいいのに、と言ってやった。

一万キロというのはいまではたいしたことはないのです。なにしろ実験室では三万キロくらい無中継の伝送が実現していますからね。実はその席にたまたま、もとＮＥＣ会長の関本忠弘さんがいまして、立ち上がって演説を始めたのです。関本さんも調べていたようですね、無中継の距離は何キロくらいかと。そして約一万キロと見ていたようです。私が言ったのは日本からロンドンまで持っていっても一万一〇〇〇キロ、レイキャビクなら一万キロを切るんです。そういう話を私がしたものだから、NECも前から調べていたぞ、とアピールしたのです。

日本に帰ってから、実際の回線を使って、アメリカに送り、すぐ打ち返してくるような仕組みにして調べたところ、九八〇〇キロは無中継で届いていることがわかったんです。ですから、一万一〇〇〇キロはまあ、行くでしょうね。

だから、ロシアに北極海を使わせるという宣言をさせようとしているんです。そうすればいろいろな用途があるし、うまくいけばロシアが使用料を取ったらいいじゃないか、と。それを使って研究をやろうじゃないか、という話なんです。

中村——無中継になりますとレーザーはいらなくなりますね、ハハハ。

西澤——ハハハ、まあ、入り口と出口はいりますが……。まあ、光通信用のレーザーというのは非常に高精度のものですから、たくさんあってもしょうがないものですよね。もしこれが実現すると、衛星の影が薄くなるでしょうね。

中村——先生の夢は限りなく広がっていますね、大胆不敵というか……。

西澤——お金をもらえずに、いじめられると、こうなるんですよ、ハハハ。

中村——お金がたくさんあればいい、というわけではないんですよね。

西澤——すでに述べましたが、研究プロジェクトや研究費では「事後評価」をしないとダメなんです。日本ではずいぶん無駄なお金が出されていると思いますよ。ひどいんだから……。いま、ヒューマンゲノムにずいぶんお金が出ているようで、DNAの分析装置を工場みたいに並べてやっているんでしょう？　私がこれは工場だね、って言ったら、別の人が「いや、お金をドブに捨てているようなものですよ」と悪口を言っていましたが……。

中村——よく知りませんが、あまり考えずにむやみやたらに物量作戦を展開する、というあまり賢くない研究が一般化してしまったのは、例の高温超伝導の騒ぎあたりからだ、という話を聞いたことがあるんですが……。

西澤——研究の世界には、ものがわかる人がきちんといるわけだから、何かやる場合、そうした人を的確に連れてこなければいけないんです。それは、その人が過去においてどのようなリーダーシップをとったのか、事後評価を積み重ねて実力評価をし、選べばいいんです。それをなぜか、日本では絶対にやらないんだから……。

増殖炉と水力発電が日本の道

中村——先生、ほんとうにお忙しそうですね。

西澤——原子力事故の後始末とかね。

中村——あんなことにも関わっておられるんですか!

西澤——ひとが嫌がることをみんな私のほうにもってくるんだもの。原子力関係でいうと、例の高速増殖炉「もんじゅ」は再開するということに決めたんです。だいたい、あんなバカみたいな事故(というより出来事)で壊しちゃったわけでしょう、それなのに大事な研究開発をやめる理由なんてないですもの。そもそも、日本の将来のエネルギー源をどうするかという視点に立てば、高速増殖炉は重要な技術であり、戦略なんですから。あれが動きますとね、お金の問題は別として、ウランが六〇倍に使えるんです。崩壊しないウランが使えますから。だから、できたらやりたいわけですよ。

中村——すごい予算をつぎ込んでいますから、やめるのはもったいないですよね。

西澤——世界中で増殖炉の研究が止まったじゃないか、という人が多いけれど、冷静に考えれば、世界中がやめたからこそ、日本で研究を継続する意味があるんじゃないか、と私は言うんです。ダメだとわかるまではやってみる価値がある。

中村——そりゃあ、そうですね。日本だって独自性を発揮しなくちゃいけない。まわりが何のかんのと言ったときに、すぐに逃げちゃうのがこれまでの日本でしょう。そもそも日本って、代替エネルギーがないんでしょう。膨大な採掘可能なエネルギーをもっているアメリカとは違う。エネルギー源をもたない日本が増殖炉技術を確立してエネルギー源をもてば、これはエネルギー外交という面で日本が自立性を発揮することになるわけですから、どう考えてもアメリカやヨーロッパは政治的に反対するわけでしょう。日本に増殖炉技術を進めさせないという戦略は、外国の立場からすれば、わかりすぎるくらい自明なことですね。

西澤——私がやってきた仕事の中に、実は電力変換というテーマがあるんです。最初は、交流電流を直流電流に変換する素子でした。これはｐｉｎダイオードを発明して、真ん中の絶縁層が決定的な役割を果たして、変換効率九九％のものができたんです。

そのあとにやったのが、今度は直流から交流電流に変換する素子です。このような変換素子はパワーエレクトロニクス分野の一つの夢だったんですね。戦争中にも試みがあって、当時は放電管を使ってやったのですが、あまりいいものはできなかったんです。それが私の頭の中にあったんです。そこで静電誘導トランジスタ（ＳＩＴ）の研究をやったときに、最後にこれに関係するデバイスをつくってみたら、ばかにいいものができちゃったんです。構造を少し変えた静電誘導サイリスタですが、これの変換効率が九九％でした。これができたときに一番最初にとんできたのがジェネラル・エレクトリック社でした。

中村――へえー、二つも九九％の素子をつくられたんですか。

西澤――そこで総合効率がどのくらいになるか、というのが大問題でした。私のほうでは測っていませんでしたので、ジェネラル・エレクトリックはすぐ測って教えるから、ということでした。私のほうは非常に高いということだけはわかっていた。そこで、試作品を見せるだけ見せて、帰ってもらったのです。そのとき私が「そんなことを聞いていったいどうするつもりなんだ」と尋ねたら、「直流送電をしたいんだ」って言うんです。

日本の会社でも少しばかり直流送電の研究をしていることは知っていた。でも、なぜ交流送電でうまくいっているようなのに直流送電の研究をしているのかは知らなかった。そこで改めて聞いてみると、直流なら一万キロメートルも運べるというんです。

中村――えー！　一万キロ送電ですか？

西澤――交流ではどうなんだって聞いたら、だいたい三〇キロだって言うんです。猪苗代湖から東京までだって二〇〇キロ以上はあるじゃないかって聞いたら、「あれは無理してるんです」という答え。簡単に言うと、振動が起こるんですね。そこで五〇サイクル、六〇サイクルにしようとすると、その振動を止められないんだそうです。そして異常電圧があるとパンクするんですね。そこで振動止めのために抵抗をたくさん入れているそうです。その抵抗部分での電力損失が大きいんですね。

中村――なるほど。

西澤――そう言われてみりゃあそうなんで、これなら直流送電の研究はやる価値があるんだなと思ったのです。直流送電がなぜ実用化しなかったかというと、変圧器が使えなかったからなんですね。エジソンが失敗したのがまさにそこなんですね。考えてみれば、私のデバイスで一％のロスで直流が交流に変換できるようになったんですから、可能性が一気に開かれたわけです。もっとも、変圧器というのは交流から交流に九九％の効率で変換する装置で、これはファラデーが発明した。アメリカ人はスタインメッツが発明したと言いますが……。よく見ると、やはりファラデーのほうが少し早いようです。ま、それはともかく、直流で運んで、そのあとはｐｉｎダイオードを使って直流から交流に変換すればいいんですね。九九％の変換素子を二つもつくったんだから、少しは自慢してもいいかな、ハハハ。

中村――それは十分、自慢していい、ハハハ。

二酸化炭素は、温暖化より窒息死のほうが問題

西澤——それならば、ということで電力関係についてもいろいろ始めたんですが、いま炭酸ガス問題が世界を賑わせている。仙台に山本義一という先生がいて、昭和三五年に「大気中の炭酸ガスの増加が異常だ」と言い出した立派な先生です。南極の氷の試料なんかも調べてみると、炭酸ガスが急激に増えていることがわかったんです。それから逆算すると、昔の炭酸ガスの量もわかる。いまある量を外挿（エクストラポレート）するとね、かなり増え始めていることがわかった。その数値について、私が一〇次くらいまで微分係数をとって、ま、これはかなり乱暴な計算ではあるんですが、それを使って式を延長するんです。すると、二〇〇年後くらいに、大気中の炭酸ガス濃度が四％程度になるんです。これは動物の致死量です。つまり、このままだと、われわれの運命はあと二〇〇年ということです。こんなことをやっているうちに、だんだんエネルギー関係にはまり込んで行ったんです。

中村——温暖化より深刻だというわけですね……。

西澤——つまり、早く炭酸ガスを止めないと危ないですからね。しかも、いま温暖化の

問題が叫ばれていますが、温暖化ではすまないんです。そこで、海外には水力資源がまだたくさんありますが、三〇キロという制限がありますから遠くにある水資源を開発していない。でも、一万キロ運べるということになれば、どんな山の中の水力資源でも使える可能性が出てくる。ということで計算してみると、他のエネルギーを全部止めても、水力ですべてまかなえることがわかったんです。太陽が照っている限り、水力発電というのは可能ですから、じゃあこれで行くべきだ、ということで、騒ぎ出したんです。そうしたらOPECの総裁から呼び出しがかかっちゃった。「これは危ない、殺されちゃうんじゃないか」って心配したんですが、ハハハ。でも、これは杞憂で、私の話をきちんと聞いてくれましたよ。たまたま温暖化で騒いでいますから、こちらもそれに合わせて検討してみると、そんな話も出てきたというわけです。

炭酸ガスというのは、昔の地球では、大気中に九八％とか九九％という量があったんですね。それが、植物が繁茂するようになって、〇・〇三％まで減少したんですね。それが、石炭、石油を燃やすようになって、七〇年で資源が枯渇すると言われるようになったんです。これに関係して、実は、大気中の炭酸ガスはもっと増えているはずなんです。それだけの量を実際に燃やしてしまったのに、そこでできる炭酸ガスは、いまなお〇・〇三四％程度の組成量にとどまっている。ほとんど増えていない。これはどこへ行っちゃったんだろう、というわけです。

こんなとき、たまたまオランダの船がイギリスの海岸を航行中に、沈没したんです。その理由は何かと調べてみたら、深層海底にメタンハイドレートがたくさんあるんですが、これは普通だと層流になっていて海面に上昇することはないんですが、異常が起こって、これが上昇していた。高圧状態に保たれていたメタンハイドレートが海面に上がってきたわけで、これは一気に吹き上げる。どうやらこれがオランダ船の沈没の原因ではないか、ということになったんです。バミューダ海域の船の墓場も、どうやら同じ状況なんではないか、と見られているんですね。深海のメタンハイドレートはバイカル湖からも出ている、日本海からも出ている、ということになった。この話から、真鍋淑郎先生がコンピューターシミュレーションをしてみると、五〇年で窒息するぞ、という結果が出た。これは私の推定より厳しい結果です。真鍋先生のような立派な方が日本に帰られて研究されているのは心強いかぎりです。温暖化によって、深海からメタンがさらに吹き出します。

炭酸ガスの増加に対する手段がないのなら騒ぎませんよ、黙って死んでもらいます、です。でも水力という代替手段を使えば大丈夫なんだから騒げ、というわけです。

中村――はあ。

原子炉の廃棄物処理にも可能性はある

西澤――これは私のほうから言えば、静電誘導サイリスタの一つの応用なんです。ところがおもしろい話がたくさん出てくるんです。要するに、非常に短いパルスが出てくるんですね、瞬間電圧も高いし、瞬間電流も非常に高いものが……。通常値の一〇〇倍くらい高いものです。そうしますと、〇・一マイクロ秒のオーダーのパルスが出せるんです。マルクス回路というのが昔からパワーエレクトロニクスの分野にあるんですが、この回路によって、短いパルスを重ねることができるんです。

こうしますと、人工的に高エネルギー粒子をつくることができるんです。エネルギーが数電子ボルトの粒子です。これをつくって照射しますと、原子核変換が制御できるんです。高エネルギー粒子の世界ですと、例えばこれだけのエネルギーを与えると何ができる、という反応があるわけですが、いまはエネルギーがばらばらの粒子を照射しているから、できる反応粒子もばらばらになっている。しかし、照射するエネルギーを一定にすれば、できてくる粒子も、いいときは一種類に特定することができる。こうして、半減期の短い粒子に変えてしまえば、残留放射能を減らすことができるわけですね。

ま、これは経費的に合うか合わないかは別問題ですが、この方法で、いま放射性廃棄物の中で、放射能を出し続けて困る核物質を処理すれば、これを変換することができるわけです。つまり、放射性廃棄物を削減することも可能なんじゃないかと言われているんですね。とんでもない方向に仕事がつながりつつあるんです。

中村——サイリスタから原子核反応へつながっていくというのはすごいですね。

西澤——こんなふうにやっていくとエネルギー問題も解決の道が見えてくるんです。ただ日本が困るのは海外依存の問題です。水力発電で世界から電力をもってくるシステムができたとしますと、問題は、何かあったときに、その送電線を切られてしまったらどうするか、という問題です。こうすると、やはり非常用がいる。そうすると、やはり原子力発電に頼らざるをえない。

中村——安全保障の問題は、冷たく冷静に現実を直視しないといけませんね。公式的な発表や政治的な意図を冷たく分析していかないといけない。

西澤——昔は安全保障といえば軍備だったでしょう、いまでもそれに凝り固まっている人がいるけれど。現代というのは、それが実は経済でありエネルギーであり、あるいは空気なんですね。

中村——そういうことですね。そのうちのエネルギーは水力発電を使えば十分に足りるわけですか、送電線をきちんと張れば？
西澤――そういうことです。私が言うとあまり信用してもらえないんですが、たまたまＯＰＥＣに呼ばれて話をするときに、オランダのエンジニアが一〇人くらいいまして、彼らが「私たちも計算したことがあるけれど、西澤の計算で正しい」と言ってくれました。

三峡ダム入札で日本企業が負けた理由

中村――そうすると、これから直流送電が増えてくるわけですか？
西澤――ええ、そうなるだろうと思います。現に、中国の三峡ダムは直流送電を使ったんです。あそこには私も手伝いに行ったんだけど、日本のメーカーが入札でことごとく落ちたでしょう、あれは日本のメーカーが直流送電をまったく実験してなかったからなんです。落札したのは、スウェーデンとスイスの連合のアセア・ブラウンボベリ社です。
この頃やっと、関西電力が淡路島と大阪の間、それからもう一つ、和歌山と徳島の間に、直流送電システムを導入しましたよ、三峡ダムの入札でみんな落ちてしまったというあの出来事の後に。ようやく実験が始まったんです。四五万ボルトのシステムです。

中村――直流で四五万ボルトですか、すごいけど怖いですね、ハハハ。

西澤――これまた癪にさわるんですが、私が前から言っているのに、やらないで知らん顔をしていたのに、三峡ダムの出来事があったあと、相当のショックなのかもしれませんが、今度はこっちに何の連絡もなく黙ってやっているんですから、人が悪いですよ。

中村――私たちはそんなことまったく知らなかった。

西澤――このあいだ中国に行ったら、日本も関西で始めました、という話が出てきた。それで初めて私も知ったわけで、「なんだ、やってたのか!」ということになったんです、ハハハハハハ。「今度はきちんとお見せしますから来て下さい」と言われたけど、ハハハ。

理論が先か、モノが先か

中村――何か、先生の場合、そういう話ばっかりですねえ、ハハハ。西澤先生の言うことを聞くのが嫌なのかなあ、日本の人は……。それと、よく新しいものをつくるようなプロジェクトでうまく行かない話を聞くとき、モノが先か理論が先か、というところを誤解している人が多いなあ、と思いますね。私は、絶対にモノのほうが先だと思う。まずモノをつくって、その現象をあとから説明する理論をつくっていく。一〇〇%ではないけれど、大半はこうなんだという気がします。

西澤——そうです！　これを言うと物理屋さんは非常に嫌がるんだけど、実際は理論よりモノが先なんです。

中村——そうでしょうね、理論だけですから、物理屋さんは。でも、過去のいろいろな発見・発明を見たって、ほとんどそうですものね。第五章で先生がおっしゃったブリッジマンの話の通りですよね。最初に現象があって、そのあとにそれを説明する理論が構築されていく……。理論が先というのは、ゼロではないでしょうが、非常に稀ですよね。だから、物理屋さんだけを集めたって、何もできはしないんですよ。

西澤——日本の場合、湯川秀樹先生の場合が強烈だったから、それが本流だと誤解した面があるんじゃないかなあ。

中村——なるほど、そうかもしれませんね。でも、現実は、モノというか現象がまず先にあって、そこから理論が後付けのようにつくられていく。でもそうしてつくられた理論が、今度は新たなテーマを切り開いていくわけですね。窒化ガリウムで高輝度発光ダイオードをつくりました、と結果だけを言っても、実はその裏には膨大な実験やアイデアや試行錯誤があるんだけれど、結果だけを見れば、そうしたものはみんな消えて見えなくなっちゃう。でも、物理屋さんから言わせれば「それだけじゃあダメだ、そこに理論がないとダメだ」って言うんですね。理論を考えろ、って。

西澤——日本では理論というよりはむしろ「理論式」なんですよ。だいたい、言葉できちんと説明するというのは、そのまま理論になっているんです。でもなぜか、式にしないといけないと思っている。でも、だいたいが式より言葉で説明できるほうが立派な理論なんですよ。

中村——これは西澤先生という意味じゃなくて、いわゆる大学の先生全般に言えることなんですが、企業やメーカーは大学の先生にあまり期待をしていませんよね、残念ながら。

西澤——そうですよ。

中村——日本の大学の先生は、モノづくりをほとんどしていないから。基本的には理論ばっかりでしょう、何人かの例外はおられますが。工学部の先生にしたって、最近では本を読むばっかりで、モノづくりが少なくなっている感じがします。

西澤——あの理由の一つは、補助するテクニシャンが大学からいなくなっちゃったからなんです。二〇年くらい前から。

トヨタがつぶれるときが日本の終わるとき？

中村――先生のところは半導体研究所があるから、実際にモノづくりを継続してこられた。ＮＨＫの番組を拝見してびっくりしたことを憶えていますよ。

西澤――ハハハ。最初は『光通信に賭けた男』で、そのあとに『技術立国』という番組でしょう。白衣を着て出された……。もっとも「白衣を着た西澤先生なんて、テレビ以外、一度も見たことない」という人もいるんですが、ハハハハハ。でもＮＨＫの相田さんにはずいぶん感謝されました。彼が最初に東北に来られたときにずいぶん相談にのったんです。そして、それはいい企画だからぜひやったらいい、と言って、ぜひ英語版もつくるべきだ、と進言したんです。

中村――英語版はできたんですか？

西澤――できました。すぐではなかったんですが、あのＮＨＫの作品の中には、最後の映像記録になった研究者が何人もいたからです。バーディーンもその一人ですね。

中村――それはよかった！　ところで、これからの日本はどうなっていくのかなあ。日本はこれまで製造業だけで生きてきた面が強いでしょう。製造業が厳しくなってきているから、これからはむずかしいでしょうね。要するに、トヨタ自動車のような会社がいつまで生き残れるか、ということですね。トヨタがいまのままでずっと生き残れると思いますかね。何か創造的なものをつくって行かなければいけないでしょう。

西澤——創造的かという点で言えば、日産やホンダのほうが創造的かな。トヨタは総合力ですね。

中村——そうなんです。トヨタというのはある面で典型的な日本の会社でしょう。だから、確かにいまはトヨタは勢いがあるのかもしれないけれど、大きく見れば、トヨタが通用しなくなる時代が日本の製造業の終わり、という意味合いをもっている。そこでトヨタがいつまで生き残れるかというテーゼが意味をなしてくるんです、ハハハ。逆に言えば、トヨタ自動車がうまく行ける限り、日本もうまく生きていけると思っているんだけど、ハハハ。これに比べるとホンダはまったく違う生き方ですね。

西澤——日本の科学という視点に変えると、このままでは日本の科学の将来性は低いですね、残念ながら。

中村——日本の科学の分野で、アメリカやヨーロッパをしのいでいる分野というのはあるんですか、よく知らないけれど。

嫉妬心を超えて

西澤――白川英樹先生のノーベル賞はよかったですね。化学の分野はかなり頑張っているんじゃないかな。井口洋夫先生の有機半導体の研究なんか、もっともっと評価されていいんじゃないかな、もっとも門外漢ではあるんですがね。

日本での妙な政治的な動きが、優れた日本人の成果をねじ曲げている面があるんじゃないかな。日本のすばらしい業績を外国人が評価しようとしても、やっぱり日本国内の学者の意向というのは影響しますからね。偉い先生のご威光に頼るんじゃなくて、もっと素直に内容で評価することをやっていけば、日本人のノーベル賞だってもっと増えるはずだ、と言っている人がいますよ。それと、日本人がきちんと日本人研究者の仕事を知って、評価して、それを堂々と推薦することですよ。

中村――それから、出る杭は打っちゃうという日本社会の伝統、あれは科学にとって決定的にマイナスでしょう。奇妙な嫉妬心というのかなあ。

西澤――だいたい、欲望が強いのは欧米人のほうだと思いますよ。嫉妬心だって彼らのほうが強烈でしょう。だからたぶん、強すぎるから教育で抑えているんじゃないでしょうか。だから彼らは「嫉妬するというのは最低のことだ」ときちんと言えるんです。日本では言わないでしょう、むしろ変な競争心をあおっているんだから。本当にすごい創造的な仕事なんて、そういくつもあるわけじゃない。だからこそ、それが日本の財産になるんです。そのようなテーマのうち、少なくとも三つくらいのテーマが力強く日本の科学界というか研究社会の中で進行していれば、日本は大丈夫だと思いますよ。その三つができていない。

学者よ、本当のことを発言せよ

中村——それから、新聞とかマスコミの問題ってあるんじゃないですか。発光ダイオードで信号機をつくろうと私が発言しても、何のかんのと言って、絶対に載せてくれない。運輸省か国土交通省か知らないけど、信号機を維持しているのって、膨大な利権で、そこにたくさん天下りしているんでしょう。新聞が成り立っているのは広告があるんでしょうが、それとの関係なのか何か知らないけれど、国民の利益になるだろうこと、当たり前のことを言っても、取り上げてくれない。新聞記者は、なぜかその問題について言えないようなんです。

私はいまはアメリカにいることもあるので、学会なんかでどんどん言っているんです。日本にいたら、たぶん言えないんですね。官僚組織につながっているから、ものすごいプレッシャーをかけられるんです。変な世界ですね。

西澤――言えばいいんですよ。とくに我々は学問の世界にいるんだから。学問というバックボーンに立って、きちんと発言すること、それが学問に殉じている人の責務ですから。

中村――でも、大学の先生がいちばん言いませんよね。

西澤――昔は美濃部達吉だっていたんですから、おかしなことはおかしいときちんと言う学者がいなくちゃ日本はおかしくなる。人を説得するきちんとしたことを言わないから、ひいては、日本社会における学問の地位が相対的に低くなる、軽んじられるという流れはあるんだろうと思います。美濃部親子みたいなもので、親父は立派だったのに、いまは息子のほうのような学者ばかりになっちゃった。

中村――なるほど。私自身のことについて言うと、日亜化学を辞めるとき、日本の大学からは一つもプロポーザルがありませんでした。

西澤――なかったんですか！　へえーっ。

中村――そうなんです。何もないんです。システム上の問題があるんじゃないですか、日本の大学ではスカウトするというやり方がない……。

西澤――いや、ありますよ。だいたい、徳島大学が真っ先に声をかけなきゃおかしいでしょう。

中村――いや、そんなのゼロですよ、ハハハ。アメリカはスカウト、スカウトですからね。でも、日本から誘われても行かなかったでしょうがね。最近の日本の大学は無茶苦茶ですもの。

西澤――それを先読みしてたんじゃないかな、日本の大学関係者は……、ハハハ。でも変だなあ、徳島大学だって中村さんの仕事に関係するようなかたちで研究所ができているんだし……。中村さんに声がかかるのは当然のはずですよねえ。

中村――私は小学校の二年生から愛媛で、大学は徳島大学で、会社は日亜化学ですから、大学を出てからずっと徳島なんです。それでもちゃんと仕事をできたと自負しているんです。それが今度初めて四国を出ることになって、海を越えるついでにアメリカまで行っちゃった、ハハハ。そういえば西澤先生もずっと仙台で、いまは仙台と盛岡ですよね。

西澤――東京にいなくちゃ仕事ができないなんてウソなんですね。外国の大学や研究所だって、都会の中にあるのはそう多くないいんだから、ハハハ。理化学研究所のシンクロトロンで有名な仁科芳雄先生の生まれたところは広島のすぐ近くなんですが、仁科先生の誕生日に呼ばれて行って講演をしたことがあるんです。小さいけれど仁科記念館というのがある。そこの入り口のところに石の塔が建っていまして、そこに「人が環境を作り、環境が人を作る」と書いてありました。あそこで仁科先生が生まれたということが、子供たちにどれだけの影響を与えているか、それを考えれば一目瞭然でしょう。そのうちに徳島にもできますよ、ハハハ。

中村――そんなことないです。もう会社を辞めちゃったから、ハハハ。

日本国憲法は、年寄りの差別を肯定している!?

中村――ところで、先生お元気ですね。おいくつになられましたか。

西澤――七四になりました。ほかに行きようがないですから、ハハハ。ウチの親父が死んだのは一〇三歳なんです。

中村――すごいですね、先生ならそれを超えますね、ハハハ。

西澤――ハハハ、それはわかりませんよ。この前も怒ったんだけど、歳だからそろそろ引っ込めというの。こっちは引っ込みたくてしょうがないんだけど、ちゃんと代わってくれる人、いないじゃないか、と言ったんです。そういう人が出てきたら喜んで代わってもらうんだ、と私は言っているんですけどね。でも、こういう話もそうで、筋がさかさまなんです。
中村——先生が何も引っ込むことないじゃないですか。だってお元気だから。元気でバリバリなのに引退する必要なんかないです。アメリカって定年なんかないですよ。個人によって違うんだから、元気で能力を発揮できる方はずっと続けられればいいと思います。若くたって元気のない人は辞めるしかない。そんなもんだと思いますよ。
西澤——わが日本国憲法には、男と女の差別をしてはいけないと書いてあるが、年寄を差別してはいけないとは書いていない、ハハハ。
中村——ハハハ、そうか！　憲法では年寄を保証していないのか！　ハハハ。日本はおかしいですよ、みんな一律に定年で、個人差をまったく無視しているんだもの。個人を向いていない、そこが根本的におかしいんですよ。だいたい、歳を取るほど個人差って大きく出てくるでしょう。それを考えないで高齢化社会だなんだって、やっぱり建前だけの社会なんだな。自分でわかる話でしょう。なぜそれを認めないんだろう。自分を知る、ということさえあやふやになっている社会でいったいどうするんだろう。西澤先生にはまだまだ頑張っていただきたいですね。
西澤——岩手県立大学の創立にあたって「素《そ》心《しん》知《ち》困《こん》」と書いたんです。素心というのは私の造語だと思ったんだけど、最近、中曽根康弘先生も使っていたんで、あれ!?と思ったんです。素心というのは、自分の心を洗い流して余分なものを取り去って、最後に残ったものをよく見ろ、という意味です。大事なことは、私にしてみれば、人に対する思いやりなんです。でもこれは強制できない。だから自分に対してよくよく見直せということなんです。

そうすると、今度は何かしたいことが猛然と湧いてくるでしょう。そうすると、昔、医者になろうとした人が、たとえば可愛がってくれたおばあちゃんが亡くなったときに医者になろうと決心したわけでしょう。そういうものを尊重すべきなんです。医者になろうとすれば、一生懸命勉強しないと患者を十分に治せないから、猛然と勉強する意志が湧いてくる。これが「知困」なんです。

これは、四書五経の五経の一つ『礼記』に書いてあって、「苦しむを知る」と読むんです。それは、自分が何かをしようとしたときに、技術的なレベルが低いということで、非常に苦悩する、だから必死になって勉強する。これが「知困」なんです。ただ、知困というのはちょっと貧乏くさいな、と躊躇したんだけど、『礼記』にあるならいいじゃないですか、ということで、こう書いたんです。

私は、宮沢賢治というのは日本の精神文化のいわばエッセンスだと思っているんです。彼の本質は人に対する思いやりですよ。日本は、自分の国から出た人をもっと大事にしなくちゃいけない。先日もドイツのワイマールにある大学の学長が来られたんですが、彼は盛んにゲーテの話をするから、私は「日本のゲーテは宮沢賢治だ」って言ったんです。

そこまではよかったんですが、そのあとNHKの「視点、論点」に出て、地方文化を育てるという話をして、時間が少し余るから、ついでにその話も入れたんです。そしたらね、いい話をしてくれたと言ってくれたんだけど、最後の話は言いすぎだった、と言われちゃった、ハハハ。いくらなんでも、ゲーテと宮沢賢治を比較するやつがあるか、って、ハハハ。

こっちも腹いせに「どっちが上なんだろう」って言い返してやった、ハハハ……。ファウストだってグレーチヒェンを孕ませて死なしちゃうでしょう、でも賢治はああいうことを初めから念頭から去っているんです。俗悪人にはファウストはおもしろいけど、でもレベルとしてみれば、賢治のほうが上でしょう。そういうことから言えば、賢治のほうが上だと言っても少しもおかしくないと思いますよ。ロマンと文学とは違いますからね。

エピローグ――1

本書の校正をするために読み返しているうちに、一九五七年（昭和三二年）の半導体レーザーの特許出願以来の仕事の内容が、紐《ひも》を手繰《たぐ》るように次々と思い出されてきた。この年は、ちょうど「江崎《えさき》ダイオード」も発見された年で、その後の「江崎ダイオード」の華々しい発展と比較して、いろいろと考えさせられることが多かった。

オプトエレクトロニクスは、青色発光ダイオードの登場でまだまだ発展途上にあることが明らかになったわけだが、私はこれを、ＤＶＤやカラーディスプレイ、あるいは超大量情報輸送で起こりつつある「第三文化大革命」をさらに発展させるものだと考えている。

ちなみに私の考える第一文化大革命とは、産業革命や電気の登場によるエネルギー文化大革命のことである。エジソン、ウェスチングハウスによって展開された電気エネルギーの発電・送電・給電システムは、今日に至る多彩なエネルギーシステムをつくり上げた。次がキュニョー、ダイムラー、ベンツ、ダンロップなどによって出来上がった自動車をヘンリー・フォードが大量生産することに成功し、庶民一般の実用の具となった自動車文化大革命である。そして第三がいま展開しつつある情報通信文化大革命になると考えている。

もちろん、中国の炬火《きょか》台やアメリカインディアンの煙信号の時代から、光通信という手法自体はこの世にあった。しかし、今日の光通信は、一八世紀の英国で開始された電信と、マルコーニ、ポポフによる一八九五年の無線通信以来の通信技術に、トランジスタ、集積回路技術の発展が加わって生み出されたものである。

トランジスタの最初の提案は一九二六年のリリエンフェルドまで遡《さかのぼ》るが、一九四七年にバーディーン、ブラッテンらによりトランジスタの提案がなされ、さらに一九五二年には、ショックレイによる接合型トランジスタがティール、ピーテンポールらにより実現された。集積回路の着想は英国のドウンマーによって出され、キルビー、ノイス、ハーニー等によって具体化された。こうしたいろいろな技術の進歩が互いに刺激し合って今日の光通信となり、文化を改進する大きな動きになったことは、その最初から見ていた者としては、思い新たなものがある。

「情報通信技術はあと五年で一段落する」と言った方がおられたが、私はとんでもない話だと思う。内容的変化もさることながら、時あたかも、環境やエネルギーなど科学技術の影の部分に対して早急に有効な対策をとらねばならなくなっており、この面でも、情報通信が主要な役割を果たすと確信しているからである。だから、光通信も情報通信も終わりなき発展の時代に入ったと私は考えている。

一九九三年、米国産業の沈滞打破のため日本に調査に来ていたブラッドレー上院議員一行に、椎名素夫《しいなもとお》先生の御指示で小講義をさせられたことがある。大変なショック療法になったようで、米国は以降、新産業展開の得意技を再び活用するようになり、今日までの有史以来の大活況を呈することになった。このとき「具体的には何をやったらよいか」との質問に対して、いささかおそるおそる「情報通信」と返事をした。椎名先生のところへも、私のところへも熱意溢れる感謝状が届いている。

光通信に関しては、研究・開発・社会活用といった政策とともに、発明発見、研究、試作、生産を一貫してアドバイスすることができたわけだが、これは思いもかけないことだった。これらが走馬灯《そうまとう》のように、と言ってもいまの人にはわからなくなったが要するに初期のオプトエレクトロニクス装置のように、私の頭の中を駆けめぐるのである。この光の思い出は、赤、黄緑、青の色つきである。日本ではこんなドラマティックな発展は、米国に引きずられるかたちで不況対策費が出るまでなかった。代わりに「俺たちが金を出したくなるようなものを持ってこい！」だったからである。

先日は、学生による教官の授業評価の討論会に出され、「もっと手っ取り早く、自分の講義をビデオ撮りして、自分で見てみるとよくわかる」と申し上げたが、このような対話を自分で読むと、その下手さ加減がよくわかるということがわかった。長年の畏友松尾義之さんのコメントもあったからかもしれないが、私は自分の頭を休めておくのはもったいないと思うから、いろいろなことを考えて分析をしておく。

アクセプタが入っているときに、窒化ガリウムの窒素が蒸発したらどうなるかとか、原料ガスの組成がある方向にずれたら、窒素とガリウムのどちらの格子点に穴があくかとか、格子に入る原子はどちらになるだろうか、といったことである。待ち構えて、実験結果を見て、中で起こっている現象を推察する。

だから、時間がないと、議論が間をはぶいて結論に飛んでしまうことになって、「わからない話」ということにされてしまうらしい。相手がよく考えていてくれると、まさに「ア」「ウン」で済んでしまって、他の方々には何が何だかまったくわからなくなるが、思いは通じていることになると思う。

しかしこれは変えなければならない。どう変えたらいいのだろう。制約の下ではなかなか難しいが、要するに、間引くところを減らすにこしたことはないだろう。悪い頭だから使い方を工夫しなければならない。実験結果を待ち構えるような気持ちでいれば、「江崎ダイオード」のときのように、栄光を逃がす側には立たなくて済むのではないだろうか。

　これからの人たちは、よく自分を使いこなすことに努めていただきたい。何しろ資源のない日本では、皆さんの能力が国の興隆を決める。大きく言えば世界人類の将来を決めるのだから。すべての人が自己才能の発揮に努め、それらのすべてを集めていかなければ、人類の将来はない。隣の人と競争したり妨害したりしている暇はない。やるなら競走、フェアな競走でゆきましょう。そのためにも正当な自己評価がいる。

二〇〇一年三月

西澤潤一

毎日違った表情で人間の小ささを教えてくれる岩手山を望みながら

エピローグ――2

今、サンタバーバラの真っ青の空と海を見ながらいろいろなことを考えている。大学の私のオフィスは太平洋に面しており、真っ白な砂浜に寄せる波の音が想像できて豊かな気分にさせてくれる。ここは一年中が春で、美しい花が常に咲いている。四国で生まれ育った私にとっては少々寒いのだが、キャンパスの緑の芝生の上では、日光浴をしながら読書にいそしむ学生たちの姿がある。

サンタバーバラという街はリゾート地である。環境はハワイの感じに近く、治安が非常によいので、サンディエゴと並んで全米で「最も住みたい街」に選ばれているほどだ。映画の都ハリウッドから約二時間のため、かのブラッド・ピットやアーノルド・シュワルツェネッガーもお隣さんという話だが、残念ながらまだお目にかかったことはない。

もっとも彼らほどではないが、レストランやパーティーで「あなたがナカムラさんですか」と言われることがあるので驚いている。大学では寄付を募るため、あるいは予算を獲得するためにパーティーを頻繁に開催する。近隣のお金持ち（サンタバーバラにはお金持ちがたくさんいる）、あるいは軍関係の予算をもつ人たちに、大学の有名研究者を紹介し、少しでも関心をもってもらおうというのだ。大学のためなので喜んで出席するが、一般の人々が科学を教養の一つとして捉えていることにびっくりする。内容をよく知っているのである。

カリフォルニア大学サンタバーバラ校は、大学全体ではランキングが一〇位だが、私の所属するマテリアル・サイエンス（材料科学）部門は、全米で第一位を二年間続けているレベルの高い学部だ。当然のことに学生は非常によく勉強する。こうした大学での勉強や教育が、教養ある一般アメリカ市民を育てていくのであろう。

徳島からここに移って何を最も感じるか。それは「自由」である。これは以前日本にいたときにはなかったものである。もちろん、得体のしれない「暗黙の了解」という桎梏のないアメリカだからであろう。すべては自分の意志と責任で決めればよい。それがここの社会だ。しかし、ふと考えると、日本の会社というもう一つの桎梏から逃れたことも、大きな要因になっていることに気がつく。

実は私はいま、もといた会社の日亜化学工業から「企業秘密をもらした疑いがある」としてアメリカの裁判所に訴えられている。もちろんまったく身に覚えのないことで、大学専属の弁護士さえ呆れ顔なのだが、彼らがきちんと対応してくれているので、私は自由である。でも、正直に言えばがっかりである。いまの日亜化学は誰のおかげで食べているのだろう。膨大な特許は誰が取得したのであろう。法律にしか頼るすべを見い出すことができないのは、明らかに異常だ。その基本を支えている文化や倫理はどこに行ってしまったのだろうか。

窓の向こうの太平洋の先には、昔、家族と海水浴に行った美しい徳島の海岸がある。しかし、あれだけ必死に仕事をした街は、いまでは「最も行きたくない街」に変わってしまった。気にかかるのは、育ててきた後輩たちだ。訴訟という出来事のためか、会社における自らの地位を確保するためか、最も信頼する後輩の一人に裏切られたのは残念である。学会の招待講演で日本に行っても、いまなお私を信頼してくれる後輩たちと食事をとることさえできなくなってしまった。もっとも、それが会社の目論見なのかもしれない。

やはり日本は共産主義国家、社会主義国家である。自分で自由に仕事をすることもできず、また決めることもできない。少しでも突出しようとする人間を押さえ込み、そのためなら、どこかの諜報機関のような真似さえしかねないのだから。アメリカは自由と民主主義の国であるとつくづく感じるこの頃である。自分で自由にいくらでも仕事ができ、それがすべて自分に跳ね返ってくるからである。

ここアメリカにきてから、仕事の忙しさはたぶん二～四倍になったと思う。何しろ授業を担当するのは初めてだし、英語もつたないから、準備に膨大な時間が費やされる。いまのところ日曜日もなく、家で夕食をとってから大学に戻るという日々を送っている。でも、これは次のステップのためだから、何の苦労も感じない。いまは、まさに息の抜けないときだからである。これは自由のための責務でもある。研究室の立ち上げに思いをめぐらせるとき、えもいえぬ充実感が湧いてくる。

私が実物の西澤潤一先生を拝見したのは、会社に入って五、六年経った一九八五年あたりではなかったかと思う。先生の講演会が高松市であり、阿南市から出かけて行ったことを思い出す。私の「目標」となる尊敬する人だったのだ。

さらに印象深いのは、私が八八年にフロリダ大学に出かける直前に放映されたNHKの番組だった。それはまさしく、西澤先生たちがセレン化亜鉛で青色発光ダイオードの実現を目指していることを伝える内容で、最後のファイアストームの画面が強く印象に残った。「西澤先生たちと競走して勝てるのだろうか」という悲観と、「材料が違うんだから競争にはならないかな」という楽観がないまぜになった気持ちだった。

青色発光ダイオードが完成して、先生に見ていただきに仙台にうかがったときは、本文にも述べたように、一言も発することはなかったが、先生の公正さ、幅の広さに深い感銘を受けた。今回、先生との対談という思いもかけない機会を経験し、刷り込まれていた「怖い先生」という誤った印象が完全に消え去った。今回の対談は、私にとってかけがえのない財産となるだろう。

創造的であることは、決してたやすいことではない。その創造性を理解し、創造性を生かすような環境、社会をつくっていくために、西澤先生は多くの発言をし、実行されてきたように思う。おそらく表現の仕方は異なるかもしれないが、私も同じ道を歩んでいきたいと願っている。

二〇〇一年三月

中村修二

サンタバーバラの白い砂から太平洋の彼方に少しだけ想いを寄せながら

西澤潤一（にしざわ・じゅんいち）
岩手県立大学長、(財)半導体研究振興会半導体研究所所長、工学博士。世界的な半導体研究者。1926年（大正15年）仙台市に生まれる。1948年東北大学電気工学科卒業。1962年東北大学教授。1990年東北大学総長。1998年より岩手県立大学長。日本学士院賞、文化勲章、本田賞、エジソンメダルなどを受賞。『闘う独創技術』など著書多数。

中村修二（なかむら・しゅうじ）
カリフォルニア大学サンタバーバラ校教授、工学博士。青色発光ダイオードの発明発見で世界的に知られる。1954年（昭和29年）愛媛県に生まれる。1979年に徳島大学大学院修士課程を修了し日亜化学工業（株）に入社。1993年に青色LED、1999年に紫色レーザーを発明発見。仁科記念賞、大河内記念賞、本田賞、朝日賞などを受賞。著書に『考える力、やり抜く力　私の方法』がある。

赤の発見 青の発見

二〇〇一年五月一九日 一版一刷

著者――西澤潤一＋中村修二

発行者――志村俊司
発行所――白日社
東京都新宿区西新宿一-三-三 榎本ビル
郵便番号一六〇-〇〇二三
電話 〇三（三三四二）〇〇五四
振替 〇〇一四〇-〇-二四三八八

印刷――精興社
製本――三水舎

Printed in Japan ISBN4-89173-102-8

＜白日社の超ロングセラー＞

《聞き書きシリーズ》

秘境・辺境といわれた、いまでは想像もつかない苛酷な生活環境の中で、逞しく、しかも人間としての節度を守り、心の豊かさを失わずに生きてきた人々の貴重な記録です。

山の女

秋山郷・焼畑の谷に生きた女の一生

山田ハルエ 述／志村俊司 編

四六判上製　２３６ページ　２１３６円＋税　１９９２年刊

かつての三大秘境の一つ秋山郷は、焼畑と狩猟など山に依存した自給自足の生活を余儀なくされていた。極貧と飢えに耐えて、必死に生きてきた一人の女性が、すさまじい生活を、心温かく、優しく、清らかに語りつくす。

黒部の山人《やもうど》

北アルプスの猛者猟師　山賊鬼サとケモノたち

鬼窪善一郎 述／志村俊司 編

四六判上製　２４０ページ　２１３６円＋税　１９８９年刊

「山賊鬼サ」と呼ばれた鬼窪氏は、ボッカ、ガイド、遭難救助隊員、イワナ釣り師、猟師として北アの黒部一帯を風のように疾駆した。抜群の体力と恐れを知らぬ豪胆さを備えた男が、古き良き時代の北アを語る。

山人《やもうど》の賦《うた》Ⅲ

檜枝岐・山に生きる

平野福朔・平野勘三郎 述／志村俊司 編

四六判上製　２２４ページ　２１３６円＋税　１９８８年刊

尾瀬観光の北の基地、檜枝岐。かつては隣接する村々から遠く隔絶された辺境であった。夏は「出作り小屋」に住んでヒエ、アワ、ソバなどの雑穀を作り、冬は木工、猟師、あるいは出稼ぎしながら細々と暮らしていた。

<自然・素敵な人間>

山と猟師と焼畑の谷 秋山郷に生きた猟師の詩
山田亀太郎・ハルエ 述／志村俊司 編
四六判上製 ２７２頁
２１３６円＋税 １９８３年刊

山人の賦Ｉ 尾瀬・奥只見の猟師とケモノたち
平野惣吉 述／志村俊司 編
四六判上製 ２４４頁
２０００円＋税 １９８４年刊

山人の賦II 尾瀬に生きた最後の猟師
平野與三郎 述／志村俊司 編
四六判上製 ２３６頁
２１３６円＋税 １９８５年刊

山と猟師とケモノたち
山本福義・南雲藤治郎 述／志村俊司 編
四六判上製 ２４８頁
２０００円＋税 １９７９年刊

森と湖とケモノたち
伊藤乙次郎 述／志村俊司 編
四六判上製 ２５０頁
１９００円＋税 １９８６年刊

イワナ・源流の職漁者
平野惣吉・山田亀太郎・並木晴政・
平野守元 述／志村俊司 編 四六判上製
２４８頁 ２１３６円＋税 １９８７年刊

イワナII 黒部最後の職漁者
曽根原文平 述／志村俊司 編
四六判上製 ２４０頁
２１３６円＋税 １９８９年刊

イワナIII 続源流の職漁者
鬼窪善一郎・平野與作 述／志村俊司 編
四六判上製 ２４０頁
２１３６円＋税 １９９０年刊